Christiane Gohl

Pferde verstehen

Im Umgang und beim Reiten:
Körpersprache richtig deuten

KOSMOS

So sind
Pferde

Wer Pferde verstehen will, muss lernen, wie ein Pferd zu denken. Keine Angst, das ist gar nicht so schwer, denn Pferde neigen zum Glück nicht zu philosophischen Überlegungen und komplizierten Strategien. Aus diesem Grund wird ihnen die Fähigkeit zu denken ja auch häufig abgesprochen.

Doch egal, ob wir es »Denken« nennen oder »Instinkt«: Der Vierbeiner zieht ganz klar Schlüsse aus dem, was er sieht und hört. Uns Menschen erscheinen sie leider nicht immer logisch, sondern oft befremdlich oder gar gefährlich. So können wir das kopflose Fluchtverhalten unserer Pferde zum Beispiel nur schwer nachvollziehen. Aus der Warte des Pferdes ist es jedoch durchaus logisch, erst wegzurennen statt die Furchtquelle zu analysieren.

Wir müssen begreifen, wie das Pferd sieht und hört, was es liebt und fürchtet. Dazu genügt es nicht, ein Pferd in der Box zu beobachten. Man muss schon etwas tiefer in das »Privatleben« natürlich gehaltener Pferdegruppen hineinschauen. Eine spannende Sache übrigens: »Bei Pferdens« tut sich nämlich mehr als in so mancher Fernsehserie...

In einer Welt voller Feinde...

▶ Das Pferd als Fluchttier

»Ein Pferd ist ein Tier, das vorn beißt und hinten schlägt« – ein dummer Spruch, der sich in Reiterkreisen nichtsdestotrotz beharrlich hält. Tatsächlich stellt er das Pferd als viel aggressiver dar, als es wirklich ist. Sieht man es nämlich realistisch, so hat das Pferd weder mit Zähnen noch Hufen allzu viel zu melden. Einen Menschen mag es damit noch schrecken können – zumindest, solange der ihm gänzlich unbewaffnet entgegentritt. Einem Raubtier imponieren die Verteidigungsstrategien des Pferdes aber wenig. Insofern setzt das Pferd in freier Wildbahn auch nicht auf Kampf, sondern grundsätzlich eher auf Flucht. Und da Raubtiere ihren Angriff im Allgemeinen nicht ankündigen, lebt ihr mögliches Opfer ständig in Fluchtbereitschaft. Das heißt natürlich nicht, dass eine Pferdeherde in dauernder Angst lebt. Ihre Mitglieder sind lediglich wachsam. Das dem am nächsten kommende menschliche Gefühl ist wohl das vage Unwohlsein, das wir spüren, wenn wir nachts zu Fuß unterwegs sind. Vielleicht ängstigen wir uns nicht ernsthaft, weil wir wissen, dass die Gegend nicht gefährlich ist. Vielleicht verfügen wir sogar über Kenntnisse in Techniken der Selbstverteidigung. Aber leicht angespannt sind wir schon – und wir fühlen uns deutlich sicherer, wenn wir nicht allein sind.

Dieses Bedürfnis nach Nähe in einer beängstigenden Situation ist auch bestimmend für die Grundstimmung des Pferdes. Ein Pferd allein fühlt sich niemals wirklich sicher, es braucht eine Gruppe, mit der es sich den anstrengenden »Wachdienst« teilen kann. So sieht man zum Beispiel selten alle Pferde einer Herde auf einmal liegen oder gar schlafen. In aller Regel ist mindestens eines auf den Beinen und checkt die Umgebung. Für diesen »Service« in der Herde nimmt das Einzelpferd auch mögliche Nachteile des Zusammenlebens in Kauf wie etwa einen eher niedrigen Platz in der Rangordnung. Gut, vielleicht stoßen die anderen Pferde das schwächste herum – aber wenn Gefahr droht, wird es ebenso gewarnt wie die anderen und kann im Herdenverband flüchten.

BLITZSTART Ständige Fluchtbereitschaft bedingt die Notwendigkeit eines schnellen Starts. Ein Pferd überlegt deshalb nicht groß, bevor es von null auf hundert beschleunigt. Jegliches Scheuen und Durchgehen, das wir Menschen als »Untugend« oder gar als feindlichen Akt gegen den Reiter interpretieren, ist aus der Sicht des Pferdes eine logische Reaktion auf etwas Beängstigendes.

Fluchttier Pferd: Blitzstarts sind Überlebensstrategie

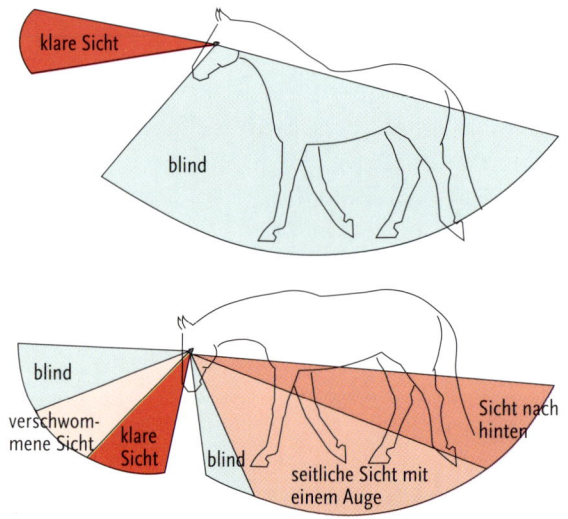

klare Sicht

blind

blind

verschwom-
mene Sicht

klare
Sicht

blind

seitliche Sicht mit
einem Auge

Sicht nach
hinten

Die Sinne des Pferdes
Wie Pferde sehen

Die Augen des Pferdes liegen seitlich seines Kopfes, nicht frontal wie bei uns. Auch das hat seinen Grund in der Natur des Pferdes als Flüchter: Seitlich sitzende Augen erlauben fast Rundumsicht. Abgesehen von einem toten Winkel direkt hinter sich kann das Pferd seine Umgebung ständig überwachen, auch dann, wenn es den Kopf zum Weiden gesenkt hat. Es nimmt dabei mit jedem Auge ein anderes Bild auf, sieht also grundsätzlich anders als der Mensch, der mit beiden Augen das Gleiche fixiert. Dadurch leidet allerdings seine Fähigkeit zum räumlichen Sehen. Im Klartext: Nur direkt vor sich sieht das Pferd klar und deutlich. Der weit größere Teil des Blickfelds erlaubt nur schemenhafte Wahrnehmung. Für das Wildpferd reicht das: Wenn es eine verdächtige Bewegung wahrnimmt, schaltet es auf Flucht. Beim Reitpferd möchten wir, dass es stattdessen den Kopf dreht und sich die vermeintliche Gefahr näher ansieht. Ob es das tut oder sich für die »traditionelle Vorgehensweise« entscheidet, hängt im Wesentlichen davon ab, wie wohl es sich in seiner Umgebung fühlt. Auch das Vertrauen zum Reiter spielt eine Rolle.

Wie Pferde hören

Pferde verfügen über ein feines Gehör, auch wenn sie nicht die Hörleistung eines Hundes erreichen. Vor allem ist das Pferdeohr immer in Alarmbereitschaft. Auch wenn das Pferd döst oder schläft, reagiert es sehr schnell auf akustische Reize. Dazu hat es

Mit den seitlich angeordneten Augen hat das Pferd beinahe Rundumsicht

Achtung, Aberglaube!

Über den Gesichtssinn des Pferdes gibt es die verschiedensten unsinnigen Gerüchte. Am hartnäckigsten hält sich der Aberglaube, ein Pferd sehe den Menschen fünfmal oder gar neunmal so groß wie sich selbst. Aus diesem Grund bringe es ihm natürlichen Respekt entgegen. Wer logisch denkt, erkennt sofort, warum das nicht stimmen kann: Würde das Pferdeauge die wahrgenommenen Dinge nämlich wirklich vergrößern, so gälte das schließlich für sein gesamtes Gesichtsfeld. Es sähe also nicht nur den Menschen, sondern auch jeden Hund, jeden Baum und jeden Artgenossen fünfmal so groß. Die Relation würde damit wieder stimmen.

Anatomisch gesehen gibt es allerdings keine Indizien für eine »Lupe« im Pferdeauge. Dafür streitet sich die Wissenschaft aber immer noch darüber, ob Pferde Farben sehen oder nicht.

den Vorteil seiner extrem beweglichen Ohren, die als eine Art »Richtmikrofone« dienen. Sie helfen ihm, Geräusche aus den verschiedensten Richtungen zu orten. Insofern nimmt es Töne auch über weite Entfernungen hinweg wahr.

Dazu reagieren Pferde sehr sensibel auf feinste akustische Nuancen. Das Pferd kann lernen, auf Stimmkommandos seines Reiters Lektionen auszuführen, und es kann lobenden und strafenden Tonfall unterscheiden. Die Stimmlage des Menschen verrät ihm einiges über dessen Gefühle und Stimmungen. Manche Tiere erkennen schon an der Ansprache durch einen neuen Reiter, ob sie es hier mit einem eher ängstlichen oder selbstsicheren Zweibeiner zu tun haben.

Die Ohren des Pferdes sind äußerst beweglich

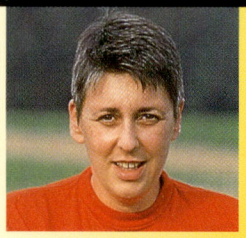

▶ **Dr. med. vet.
Barbara Schöning**

Achtung giftig!
Die meisten Todesfälle
durch Giftpflanzen
werden dadurch verur-
sacht, dass Spazier-
gänger Weidepferden
Pflanzen über den
Zaun werfen. Frisch
werden sie nicht ge-
fressen, aber wenn sie
anwelken, knabbern
die Pferde doch daran.
Giftpflanzen stellen
deshalb auch dann
eine Gefahr dar, wenn
sie direkt neben Pferde-
weiden wachsen.

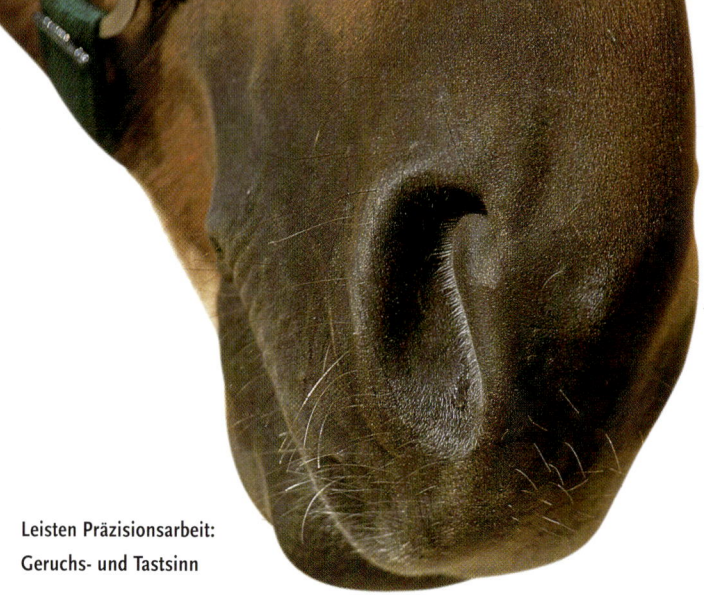

Leisten Präzisionsarbeit:
Geruchs- und Tastsinn

Die weiteren Sinne

Auch der Geruchs-, Geschmacks- und Tastsinn des Pferdes ist in
erster Linie auf Gefahrenerkennung ausgerichtet. Einem Pferd
entgeht fast nichts. Zumindest in seiner natürlichen Umgebung
ist es als Detektiv beinahe unschlagbar.

RIECHEN Der Geruchssinn des Pferdes dient vor allem der
Erkundung seiner Umgebung. In einem neuen Stall stellt es z. B.
fest, ob hier vorher ein Hengst, eine Stute oder ein Wallach lebte.
Ein Hengst erkennt auch sofort, ob die Stute rossig war. Unange-
nehme Gerüche sind ebenso ein Grund zur Flucht wie andere
Angstauslöser. Ein angespanntes Pferd zieht mit hochgezogenen
Nüstern scharf die Luft ein. Auch das zielt auf Erkundung und
Erkennung möglicher Gefahr.

SCHMECKEN Pferde mögen die Geschmacksrichtungen
»sauer« und »salzig« fast so gern wie »süß«. Bitterstoffe lehnen
sie am ehesten ab, worauf auch der Effekt beruht, dass frei leben-
de Pferde nur selten Giftpflanzen aufnehmen. Verlassen sollte
man sich allerdings nicht auf diesen »Instinkt«. Zum einen kann
sich jedes Pferd irren, und vor allem gibt es Fälle, in denen Giftpflanzen ihren bitteren Geschmack verlieren. Das ist zum Beispiel fast immer während des Trocknungsvorgangs der Fall.

TASTEN UND FÜHLEN Pferde haben eine sehr empfindliche Haut. Sie nehmen selbst kleinste Berührungen wahr und

lassen sich im Extremfall schon von einer Fliege zum Scheuen und Durchgehen treiben. Was den Tastsinn angeht, so bedient sich das Pferd dabei vor allem der langen Tasthaare am Kinn und am Maul. Sie helfen ihm, sich in seiner Umgebung zurechtzufinden. Die »Mode«, sie aus Schönheitsgründen abzurasieren, ist eine Unsitte und sollte auf keinen Fall praktiziert werden.

Lacht das Pferd?

Es sieht witzig aus, wenn ein Pferd die Nüstern kräuselt und die Luft mit vorgestrecktem Hals genüsslich einzieht. Besonders Kinder fragen dann gern, ob das Pferd »lacht«. Tatsächlich ist »Flehmen«, wie man diese Haltung nennt, aber kein Ausdruck von Belustigung. Das Pferd zeigt damit eher an, dass es sich auf einen Geruch ganz besonders konzentrieren muss. Zum Beispiel dann, wenn er auf einen möglichen Sexualpartner hindeutet. Ein derart spannendes Riechbild bedarf sorgfältiger Analyse, wofür das so genannte »Jakob'sche Organ« zuständig ist. Diese feine Riechhilfe ist dem Menschen im Laufe seiner Entwicklung verloren gegangen. Wir können den Genuss des Pferdes also nicht nachempfinden. Wer Sinn für Komik hat, kann seinem Pferd aber schnell beibringen, auf Kommando zu flehmen. Kräuselt das Pferd auf den Zuruf »Bitte lächeln« die Nüstern, so ist das ein sicherer Lacherfolg bei jedem Zuschauer. Die Methode dazu ist ganz einfach: Der Gertenknauf wird mit etwas Parfüm betupft und die Nüstern des Pferdes damit berührt. Dazu sagt man das Kommando. Wenn das Pferd dann flehmt, wird es belohnt. Sehr bald wird es schon auf Gertenberührung ohne Duftstoff, später allein auf Stimmhilfe flehmen.

Dieser Hengst flehmt, weil ihm ein interessanter Geruch in die Nase kam

▶ Nur nicht allein sein!

Es kann nicht oft genug erwähnt werden: Pferde sind keine Einzelgänger. Ein Pferd dauerhaft von anderen zu isolieren ist Tierquälerei. Um psychisch gesund zu bleiben, benötigt der Vierbeiner Kontakte zu anderen. Freie Pferde leben meist in kleinen Familiengruppen. Wirklich große Pferdeherden sind selten. Zwar wurden bei wild lebenden Pferden wie Brumbies und Mustangs noch bis ins zwanzigste Jahrhundert hinein »Riesenherden« von mehr als hundert Einzeltieren beobachtet. Sie bestanden jedoch aus vielen lose zusammenlebenden Familienverbänden.

Auch die von Menschen zusammengestellte Pferdegruppe betrachtet sich selbst letztlich als »Familie«. Am Anfang gibt es zwar relativ viele Rangeleien, aber schließlich hängen die Tiere aneinander und sind in Grenzsituationen kaum voneinander zu trennen. Beim Reiten kann das lästig werden. Man spricht dann von der Untugend des »Klebens« und unterstellt dem Pferd Bosheit und Faulheit. In Wirklichkeit ist das Tier aber meist bloß unsicher. Es vertraut dem Zweibeiner nicht, sondern fühlt sich nur im Kreis seiner Artgenossen wirklich wohl. Strafen ist deshalb keine Lösung, wenn ein Pferd sich nicht von der Gruppe trennen will. Stattdessen muss sein Vertrauen zum Menschen geduldig (wieder) aufgebaut werden. Wenn es ihn schließlich als zuverlässigen Freund und Partner akzeptiert, wird es auch mit ihm fortgehen. Der Mensch übernimmt dann vorübergehend die Funktion eines Herdenmitgliedes. Das Zusammensein mit ihm gibt dem ängstlichen Pferd Geborgenheit.

HERDENMITGLIED »MENSCH«? Um hier jedoch nicht missverstanden zu werden: Obwohl das Pferd großes Vertrauen zu seinen zweibeinigen Freunden aufbauen kann und soll – den Kontakt zu anderen Pferden kann der Mensch ihm nicht ersetzen. Im Zuge moderner Ausbildungsmethoden – wir werden später noch darauf zurückkommen – wird häufig der Eindruck erweckt, das Pferd verstünde den Menschen als »Artgenossen«, mit dem es auf gleicher Ebene kommunizieren kann. Das ist in Wirklichkeit nicht der Fall. Auch vertraute Reitpferde wissen durchaus, dass ihr Zweibeiner sehr verschieden von ihnen ist. Nicht nur, weil er anders riecht und sich anders bewegt. Er zeigt auch Verhaltensweisen, die Pferden gänzlich fremd sind. Dazu gehören z. B. das Austeilen von Futter – und nicht zuletzt das Reiten.

SPIEL UND SPASS Bisher musste der Eindruck entstehen, das Herdenleben von Pferden sei eine reine Zweckgemeinschaft zur Gewährleistung von Sicherheit. Tatsächlich hat es aber noch weitere Funktionen, so zum Beispiel die der Unterhaltung. Insbesondere junge Pferde spielen und rennen miteinander, Freunde treffen sich zur sozialen Fellpflege, notorische Streithähne finden immer wieder einen Grund für einen Schlagabtausch. Je größer die Pferdegruppe, desto mehr Interaktion, Bewegung und weniger Langeweile. Ein einsames Pferd dagegen verkümmert. Es leidet ebenso am Mangel an Ansprache und Beschäftigung wie ein einsamer Mensch. Die wenigen Stunden oder nur Minuten am Tag, in denen wir es reiten und putzen, zählen da nicht. Pferde wünschen sich Gesellschaft rund um die Uhr.

Die Herdengemeinschaft gibt dem einzelnen Pferd Sicherheit

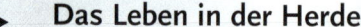

▶ Das Leben in der Herde

»Bonnie sollte sich schämen. Immer jagt sie den armen Jojo.«
Eine typische Bemerkung von Pferdehaltern. Tatsächlich kann
man hier jedoch kein schlechtes Gewissen erwarten. Bonnie steht
in der Rangordnung höher als Jojo, und das wird sie auch weiterhin durchsetzen.

Das Wort »Rangordnung« hat für den Menschen immer einen negativen Beiklang. Die Vorstellung von
»Freiheit, Gleichheit und Brüderlichkeit« drückt
sich zwar selten in unseren Handlungen aus,
ist in unserem Denken aber fest verankert. Gerade unserem Lieblingstier
Pferd unterstellen wir gern eine
pazifistische   Grundhaltung.
Pferde sehen das allerdings
anders. Sie empfinden die
Rangordnung in der Herde
als gänzlich normal und
fühlen sich meist recht
wohl an dem Platz, auf
dem sie stehen. Stär-
keren Tieren ord-
nen sie sich

unter, gegenüber schwächeren setzen sie sich durch. Als Mensch sollten wir hier nicht eingreifen oder verurteilen. Lediglich beim Füttern wird die Sache kritisch. Dann müssen Bonnie und Jojo getrennt werden, damit auch der schwächere Partner seine volle Ration erhält.

Der Rang, den ein Tier in der Pferdegruppe einnimmt, hängt im Übrigen nicht von Kraft und Körpergröße ab. Letztlich sind es viel mehr die Persönlichkeit und der Durchsetzungswille eines Pferdes, die ihm an die Spitze der Rangordnung verhelfen. Oft zeigen kleine Ponys Großpferden energisch, »wo es langgeht«. In der Freiheit setzen »Herdenchefs« und »-chefinnen« ihre »Führungsqualitäten« sinnvoll für die Gesamtgruppe ein. Sie dürfen zwar zuerst an die Tränke, aber sie tragen auch das Risiko, dort vielleicht angegriffen zu werden. Dank ihrer Umsicht und Intelligenz werden sie dies jedoch kleiner halten als ein rangniedrigeres Pferd. Die meisten Pferde fühlen sich denn auch gar nicht unwohl auf ihrem Platz in der zweiten oder dritten Reihe, sondern genießen die Sicherheit der »Anonymität«. Auch die meisten Menschen drängt es schließlich nicht in Spitzenstellungen in Showgeschäft oder Politik. Lieber hat man ein festes Gehalt – und lässt sich dafür auch mal vom Chef herumstoßen.

Auch im Spiel messen die Partner ihre Kräfte

▶ **Dr. med. vet.
Barbara Schöning**

Ausschlagen nach vorn
»Kennen lernen« ist
bei Pferden fast immer
mit Ausschlagen nach
vorn verbunden. Aus
diesem Grund ist es
nicht ratsam, Pferde
über einen Zaun Kon-
takt miteinander auf-
nehmen zu lassen.
Beim Ausschlagen
geraten sie leicht mit
dem Bein zwischen die
Zaundrähte und kön-
nen sich dabei lebens-
gefährlich verletzen.

DAS NEUE PFERD In mancher Art sind Pferdegruppen wie Schulklassen: Kommt ein »Neuer«, so wird er zunächst geneckt und geärgert. Erst nach einiger Zeit nimmt man ihn gnädig in die Klassengemeinschaft auf. Zunächst hält meist das Leitpferd den Neuankömmling auf Abstand. Dazu stürzt es sich auf ihn und wehrt ihn mit gebleckten Zähnen und angelegten Ohren ab. Im Laufe der ersten Tage siegt dann aber die Neugier. Erst nähern sich die ranghohen Tiere dem Neuling, dann auch die anderen. Alle direkten Begegnungen beginnen damit, dass man scheinbar freundlich Nase, Hals und Schulter des anderen Pferdes be- schnuppert, es dann aber empört abschlägt. Dazu schlagen die Tiere mit den Vorderbeinen nacheinander aus. Mit Rangord- nungskämpfen hat das noch nicht viel zu tun. Die werden unter Stuten und Wallachen eher mit den Hinterhufen ausgetragen und wirken noch dramatischer. Ernsthafte Verletzungen sind dabei je- doch selten. Wenn Weide oder Auslauf groß genug sind, um ei- nander auszuweichen, tragen die Kämpfer höchstens ein paar Kratzer davon. Gefährlich werden kann es nur, wenn das Zusam- mentreffen in verwinkelten Haltungsanlagen stattfindet.

Verläuft alles glatt, so wird das neue Pferd im Laufe der nächsten Tage in die Herde integriert. Es findet Freunde, versucht sich gegen feindselige Artgenossen durchzusetzen, und erkämpft sich so seinen Platz in der Rangordnung. Es kommt vor, dass ranghohe Tiere schwächere unter ihre Fittiche nehmen. Am häu- figsten beobachtet man das bei Walla- chen, die sich in eine neue Stute »verlieben«. Aber manchmal schmeichelt sich auch ein neu hinzugekommenes Jungpferd bei der Leitstute ein.

**Drohgesicht:
hochgezogene Lippen
und angelegte
Ohren**

Aggression beim Füttern

Drohgebärden bei unseren Hauspferden kann man besonders häufig beim Füttern beobachten. Viele Pferde begrüßen ihre Pfleger nicht mit freundlichem Wiehern, sondern mit angelegten Ohren und gefletschten Zähnen. Mitunter muss man aufpassen, beim Einfüllen des Futters in die Krippe nicht gebissen zu werden. Ein solches Verhalten darf nicht als »Undankbarkeit« interpretiert werden. Vielmehr kommt hier eine Art Futterneid zum Ausdruck. Das Pferd interpretiert das Verhalten seines Menschen einfach falsch, es sieht ihn nicht als Spender, sondern potenziellen Räuber seiner Futterration. Sein Verhalten ist instinktgesteuert, nicht boshaft. Nichtsdestotrotz ist hier Vorsicht von Seiten des Pflegers geboten. Gerade wenn ein Pferd »aus dem Bauch heraus« handelt, kann es gefährlich werden. Man sollte sich hier aber nicht auf das Abwehren des Pferdes in der akuten Fütterungssituation beschränken. Kommt es zu mehr Aggression als leichtes Ohrenanlegen, so läuft in der Rangordnung zwischen Reiter und Pferd wahrscheinlich etwas Entscheidendes falsch. Wenn daran konsequent gearbeitet wird, legt sich automatisch die Aggression beim Füttern. Das Pferd wagt schließlich keinen Angriff auf einen ranghöheren Partner.

▶ Die Sprache des Pferdes

Die Pferdesprache ist in erster Linie eine Körpersprache. Wiehern hört man selten – es wird eigentlich nur eingesetzt, um entfernt stehende Freunde zu rufen. Zu den Ruflauten gehört auch das sanfte »Brummeln«, mit dem eine Stute ihr Fohlen begrüßt und erwachsene Pferde oft ihre menschlichen Freunde. Häufiger als beides hört man in vielen Pferdeherden das ärgerliche Quietschen beim Schlagabtausch. Meist wird es nur bei den ersten Annäherungen eingesetzt. Manche Stuten bauen es allerdings zu einem regelrechten Kampfgeschrei aus und quäken gellend, während sie mit den Hinterhufen auf einen Kontrahenten eintrommeln.

Quietschen gehört außerdem in den Bereich sexueller Annäherung. Die Stute macht dem Hengst damit klar, dass sie noch nicht ganz für ihn bereit ist. Oder vielleicht doch? Mitunter scheinen Pferdedamen ihr kokettes Quieken auch als »Flirtverhalten« einzusetzen.

OHRENSPIELE In der Regel verläuft die Kommunikation in Pferdegruppen allerdings lautlos. Das bekannteste Mittel dazu ist das Ohrenspiel. Durch die Haltung seiner höchst beweglichen Tütenohren drückt das Pferd vor allem Stimmungen aus. Ein freundliches Pferd, das sich interessiert nähert, wird die Ohren zum Beispiel aufstellen. Alarmiert gespitzte Ohren können allerdings auch auf vermehrte Anspannung hindeuten. Nimmt

Der erste Kontakt zwischen zwei fremden Pferden erfolgt über die Nase

das Pferd dazu »Habachtstellung« ein, hebt es also Kopf und Hals, bläht die Nüstern und schlägt mit dem Schweif, muss mit plötzlicher Flucht gerechnet werden.

Flach zurückgelegte Ohren gehören zum »Drohgesicht« des Pferdes. Je nachdem, wie weit es sie anlegt, schwankt die Stimmung zwischen schlechter Laune und kurz bevorstehendem Angriff. Liegen sie so stark an, dass sie fast unsichtbar werden, schlägt das Pferd dabei mit dem Schweif oder zeigt es gar die Zähne, ist Vorsicht geboten. Bei sonst entspannter Haltung und gelassenem Gesichtsausdruck deuten leicht nach hinten gerichtete Ohren allerdings nicht auf Aggressionsbereitschaft hin. Das Pferd horcht dann wahrscheinlich nur auf ein hinter sich wahrgenommenes Geräusch oder auf die Worte seines Reiters. Wer Pferdemimik richtig deuten will, darf sich sowieso nicht nur auf das Ohrenspiel konzentrieren. Haltung und Bewegungen der Nüstern- und Maulpartie sind ebenso wichtig. Und wenn es etwas wirklich Entscheidendes zu »bereden« gibt, kommt ohnehin der gesamte Pferdekörper zum Einsatz.

ANNÄHERUNG Die wichtigsten »Vokabeln« der Pferdekörpersprache sollte jeder kennen, der häufig mit Pferden umgeht. Nicht nur, weil sich dadurch mögliche Aggression im Vorfeld erkennen lässt, sondern auch um kleine »Fauxpas« im Umgang miteinander zu vermeiden. Beim Einfangen eines Pferdes kann es zum Beispiel entscheidend sein, die wichtigsten Regeln der

Annäherung zu kennen. Freundliches Aufeinanderzugehen erfolgt in Pferdegruppen immer von vorn seitwärts. Der Partner bewegt sich auf die Schulter des anderen zu und »bittet ihn« damit, stehen zu bleiben. Indem er von vorn kommt, nähert er sich offen und gut sichtbar. Das Pferd kann klar erkennen, wer da kommt und wird nicht versehentlich vor ihm scheuen. Eine Annäherung von hinten wird dagegen oft als treibende und damit eher aggressive Geste empfunden. Je nach seiner Stellung in der Rangordnung reagiert das Pferd darauf, indem es weggeht oder indem es drohend die Ohren anlegt und ein Hinterbein aufstellt. Wenn Pferde gemeinsam laufen, lassen sie ein von hinten kommendes rangniederes Pferd maximal bis zur eigenen Schulter aufschließen. Danach wehren sie es mit Zähnen und Hufen ab. Dieses natürliche Verhalten ist der Grund dafür, weshalb sich viele Pferde nur ungern neben anderen reiten lassen. Sie fürchten sich ständig vor einem Angriff. Mit jungen Pferden muss das Nebeneinanderreiten deshalb gezielt geübt werden. Dazu gehört natürlich auch, dass man die Versuche des eigenen Reitpferdes, ein neben ihm gehendes zu schlagen, konsequent verhindert.

IMPONIERGEHABE Wenn ein Pferd neu in eine Herde kommt oder vor einem Neuankömmling einmal gründlich angeben möchte, zeigt es seinen Imponiertrab. Dazu wölbt es den Hals auf, was es größer und schöner erscheinen lässt, und winkelt den Kopf an wie ein dressurmäßig gerittenes Pferd in Beizäumung. Die Trabschritte werden schwebender und höher als normal, das Pferd wirkt edler und eleganter. Besonders häufig beobachtet man diese Verhaltensweise bei Hengsten, aber auch Wallache und vor allem ranghohe Stuten zeigen gern mal mit ein paar imponierenden Gesten, wie schön sie sind.

Zum Imponieren wölben Pferde ihren Hals auf, um größer zu erscheinen

Mitunter imponieren Pferde übrigens auch ohne konkreten Anlass, einfach aus Lebensfreude. Oft genügt schon eine neu geöffnete, große Weide als Laufanreiz und auf einmal zeigt sich die ganze Gruppe von ihrer »besten Seite«.

ANGST Im Gegensatz zu Drohgebärden und den kleinen »Redewendungen« des Alltags wie »Geh weg« und »Bleib stehen« sind Angsthaltungen bei Pferden relativ schwer zu erkennen. Häufig wird von Reitern die starre, scheinbar desinteressierte Angsthaltung als Gleichgültigkeit oder sogar als besonderer Gehorsam gedeutet.

Bei frei in der Herde lebenden Pferden kann man passive Angsthaltungen nur selten beobachten. Ein Pferd, das sich fürchtet, läuft weg. Deutliche Unterlegenheitsgesten sieht man allenfalls bei Jungtieren. Sie nähern sich erwachsenen Pferden mit gehobenem Kopf bei nach vorn gestrecktem Hals und geöffnetem Maul. Dabei machen sie deutlich erkennbare Kaubewegungen. Volkstümlich nennt man dieses Unterlegenheitsverhalten »Mäulchen machen«. Der »Pferde-Sprachwissenschaftler« Henry Blake übersetzt es mit den Worten »Tu mir nichts, ich bin noch so klein!«. Mitunter ziehen die Fohlen dabei zusätzlich die Hinterhand ein und klemmen den Schweif zwischen die Hinterbacken. Diese Angstsymptome zeigen auch erwachsene Pferde. Bei ihnen kommt aber noch eine charakteristische Stellung der Ohren hinzu. Je nach Grad der Unterwerfung klappen sie diese waagerecht weg. Die Öffnungen zeigen nach unten, bei noch vorhandener, aber verhaltener Aggression auch etwas nach hinten unten. Diese Ohrhaltung kann leicht mit dem entspannten Dösausdruck verwechselt werden. Viele Reiter reagieren deshalb empört auf die

Unterlegenheitsgeste gegenüber einem ranghöheren Pferd

Unterstellung, ihr ruhig am Anbinder stehendes Pferd »zittere« in Wirklichkeit der Reitstunde entgegen. Man beobachtet diese Haltung besonders häufig bei Pferden, die sich zunächst nicht einfangen lassen wollen, sich dann aber scheinbar sofort entspannen, sobald ihnen ein Halfter angelegt wird. Unter dem Reiter zeigen sie meist einen enormen »Vorwärtsdrang«, der von ihren stolzen Besitzern als »Temperament« missdeutet wird. Tatsächlich ist es allerdings nur ein verzweifelter – und natürlich nutzloser – Versuch, vor dem Reiter davonzulaufen.

Weit aufgerissene Augen und hochgeworfener Kopf sind Zeichen von Angst

Geraten Pferde in Panik, so erkennt man das allenfalls an weit geöffneten Augen und Nüstern. Dazu ist die Atmung meist forciert. Einem Pferd in diesem Zustand gut zuzureden, hilft gar nichts. Der Gehörsinn scheint in Panik geradezu ausgeschaltet zu sein, die Tiere reagieren nur noch auf visuelle Reize.

SCHMERZ Leidet ein Pferd Schmerzen, so kann man ihm das am Gesicht ansehen. Wichtigstes Merkmal des »Schmerzgesichtes« ist ein Wegfall des Ohrenspiels. Die Ohren sind eher leicht nach hinten gelegt als nach vorn, die Öffnungen seitwärts bis rückwärts gerichtet. Das Pferd scheint praktisch »nach innen« zu horchen. Die Augen des leidenden Pferdes scheinen kleiner und trüber, die Nüstern sind schmal oder, bei Krämpfen oder Schmerzanfällen, abwechselnd zurückgezogen und geweitet. Bei starken Schmerzen kann das Pferd die Zähne zusammenbeißen, wodurch sich die gesamte Gesichtsmuskulatur anspannt.

Bei Koliken, also Leibschmerzen, schaut sich das Pferd zum Beispiel nach seinem Bauch um. Häufig scharrt es auch und wirft sich hin. Neben diesen sehr bekannten Kolikanzeichen gibt es allerdings auch »stille Koliker«. Diese Pferde pflegen sich bei Bauchschmerzen einfach hinzulegen und still vor sich hin zu leiden. Vom normalen Ruhen ist das dann nur durch das Schmerzgesicht zu unterscheiden. Außerdem fällt auf, dass sonst eher nervöse

Pferde, die beim Nahen eines Menschen gewöhnlich sofort auf-
stehen, im Krankheitsfall liegen bleiben. Andere stehen alle paar
Minuten auf und suchen sich einen anderen Liegeplatz. Trotzdem
gehört viel Erfahrung dazu, stille Koliken schnell zu erkennen.
Wer ein Pferd hat, das dazu neigt, sollte eventuelle Wochenend-
pfleger oder Stallvermieter unbedingt über diese Besonderheit
informieren.

▶ Kann man Pferdesprache lernen?

In den sechzigerjahren begann der Pferdeausbilder Henry Blake
mit Forschungen zur Pferdesprache. Akribisch und wissenschaft-
lich möglichst korrekt versuchte er, die diversen Gesten aufzulis-
ten und zu »übersetzen«. Damals betrat er damit Neuland, denn
bisher hatte sich niemand besonders dafür interessiert. Auch seine Bücher, in denen er auf den Nutzen seiner Forschungen im
täglichen Leben mit Pferden hinwies, trafen nur auf mäßiges Interesse. Erst fast zwanzig Jahre später war die Zeit offensichtlich
reif, und andere Veröffentlichungen zur Verständigung mit Pferden wurden zu kleinen Sensationen in der Pferdewelt. Verschie-

dene »Pferdeflüsterer« brüsten sich damit, allein durch körpersprachliche Kommunikation und ohne jede Gewalteinwirkung Pferde ausbilden zu können.

In der Praxis erweist sich dieser Traum der absoluten und natürlichen Verständigung jedoch aus verschiedenen Gründen als übertrieben. Das fängt schon damit an, dass dem Menschen viele Ausdrucksmöglichkeiten des Pferdes fehlen. Auch bei noch so konzentriertem Üben wird uns etwa das Ohrenspiel immer verwehrt bleiben. Die »natürlichen Trainingsmethoden« reduzieren die Kommunikation mit dem Tier denn auch auf einige wenige, der Ausbildung nützliche »Vokabeln«. In der Regel begeben sie sich mit dem Pferd in einen abgeschlossenen Bereich, der nicht zu groß ist. Am Äußern der einfachsten Bemerkung – »Ich gehe jetzt, ich habe keine Lust mehr« – wollen sie das Pferd schließlich hindern. Danach bedienen sie sich der relativ einfachen Bewegungen des Treibens und Anhaltens, um das Pferd auf sich zu konzentrieren. Insbesondere bei Wildpferden funktioniert diese Technik recht gut. Sie sind damit erheblich schneller zu »zähmen« als durch konventionelle Methoden.

Bei Hauspferden bewirken besagte Methoden von vorne herein nicht viel. Nach drei bis vier Jahren Zusammenleben mit dem Zweibeiner kann das Pferd meist mehr »Vokabeln« der Menschensprache, als sein Besitzer sie in einem Kurs in »Pferdesprache« lernt. Früher oder später müssen Reiter und Pferd sich ohnehin auf die gemeinsame Sprache der reiterlichen Hilfengebung umstellen. Kompliziertere Befehle als »Vorwärts« und »Anhalten« lassen sich auf »pferdisch« nämlich kaum formulieren.

Freies Longieren im Roundpen: Das Pferd konzentriert sich schnell auf den Menschen in der Mitte

Pferde unter sich

»Die Pferde wachsen da noch frei auf« –
»Da leben die Pferde noch wild in den
Bergen«. In den Äußerungen der Menschen
schwingt meist etwas Sehnsucht mit, wenn
sie von den letzten halbwild lebenden
Pferden Europas schwärmen. Kein Wunder,
zeigen Fotos die Herden doch stets beim
genüsslichen gemeinsamen Rennen oder
bis zum Bauch im frischen Frühlingsgras.
Über Dauerregen, Frost und Schneestürme,
Futter- und Wassermangel sowie die ständige Bedrohung durch Raubtiere redet
dagegen niemand.

Ob Pferde das Leben in Freiheit dem
sicheren Dasein beim Menschen wirklich
vorziehen würden? Wir können sie leider
nicht fragen. Eins aber können wir für unsere eigenen Pferde tun: ihnen das Leben bei
uns so angenehm wie möglich gestalten.
Dazu braucht es Haltungsbedingungen,
welche die Vorteile der Freiheit und der
Domestizierung miteinander verbinden.
Letztlich ist es das, was wir mit dem Begriff
»artgerechte Pferdehaltung« meinen.
Voraussetzung dafür: Kenntnisse über das
Verhalten des frei lebenden Pferdes, verbunden mit fundiertem Wissen über diePflege.

Pferde
ganz natürlich

▶ Das Pferd als Steppentier

Wenn vom natürlichen Leben der Pferde die Rede ist, schwärmt der Mensch meist von der »Freiheit der Steppe«. Tatsächlich waren aber längst nicht alle unsere Pferde ursprünglich Steppenbewohner. Der erste Urahn der Equiden, der Eohippus (ca. 60 Millionen Jahre vor unserer Zeitrechnung), hielt sich zum Beispiel bevorzugt im Wald auf. Erst der Merychippus (25 bis 10 Millionen Jahre vor unserer Zeitrechnung) bevorzugte die Steppe. Die direkten Vorfahren unserer Hauspferderassen gehörten dann zu vier sehr verschiedenen Urpferdetypen, die sich in Körperform, Temperament und Nahrungsvorlieben ihren jeweiligen Lebensräumen anpassten.

Urpony, Tundrenpony, Ramskopfpferd und Urvollblüter entstanden während der an- und abschwellenden Eiszeiten vor etwa einer Million Jahren. Die beiden Ersten entwickelten sich in nördlichen, die Letzteren in südlichen Regionen. Man spricht auch von den Nord- und Südpferdetypen.

URPONY Das Urpony – Stockmaß etwa 122 bis 125 cm – dürfte der Urahn aller Ponyrassen gewesen sein. Das Exmoorpony kommt ihm im Erscheinungsbild am nächsten. Wie unsere heutigen Ponys war auch das Urpony äußerst anpassungsfähig. Als »Fernwanderwild« fühlte es sich sowohl in Wäldern als auch in den Bergen wohl. Es war kontaktfreudig und lebte in relativ großen Herden, bestehend aus mehreren Stutenfamilien. Sein Fluchtverhalten war gut ausgeprägt, allerdings auch »intelligenzgesteuert«. Zur Panik neigten und neigen Ponyherden nicht. Das Leittier sieht eher mal hin, bevor es »auf Fluchtgeschwindigkeit schaltet«. Extrem schnelle Fluchten lagen dem kleinen Wildling ohnehin nicht. Wie die meisten seiner Nachfahren war das Urpony eher ein Trabpferd als ein ausdauernder Galopper.

TUNDRENPONY Das Tundrenpony trägt seinen Namen nicht ganz zu Recht. Mit einem Stockmaß von 145 bis 170 cm würde man es heute unter »Pferd« einordnen. Unter den Vorfahren moderner Ponyrassen dürfte es zwar viele Tundrenponys gegeben haben, sie haben aber sicher auch dem Kaltblutpferd ihre Gene mitgegeben. Die dem Tundrenpony ähnlichste noch bestehende Pferderasse ist das Przewalskipferd. Auch der Tarpan und das Highlandpony können ihre Vorfahren nicht verleugnen. Die Tundrenponys waren massig und grobknochig, ihre bevorzugte Gangart war der Schritt. In Sachen »Verteidigung« setzten sie mehr auf Tarnung als auf Flucht. Ihre bevorzugten Lebensräume waren denn auch schwer zugängliche Sumpf- und Gebirgslandschaften. Das Futterangebot war hier nicht groß, was dazu führte, dass sich das Tundrenpony zum erstklassigen Futterverwerter entwickelte. Diese Eigenschaft hat es all seinen Nachkommen mitgegeben.

RAMSKOPFPFERD Das Ramskopfpferd war mit 170 bis 180 cm Stockmaß der Riese unter den Urpferden. Letztlich haben wir hier den Vorfahren all unserer Warmblutsportpferde vor uns, auch wenn das Ramskopfpferd noch nicht besonders edel wirkte. Dafür hatte es aber bereits Biss – im wahrsten Sinne des Wortes.

Unsere Ponyrassen stammen vom Urpony ab

Ramskopfpferde wehrten ihre Gegner weit häufiger mit Zähnen und Hufen ab als alle andere Urpferdetypen. Auch unter sich waren die großen Knochigen keine »Kuscheltypen«. Sie lebten in kleinen Stutengruppen, der Hengst wurde eigentlich nur zur Deckzeit in der Herde geduldet. Bevorzugter Lebensraum des Ramskopfpferdes waren hügelige Waldgebiete. Nach der Eiszeit bevölkerten ihre lauffreudigeren Nachkommen auch Steppengebiete. Im Erscheinungsbild am ähnlichsten ist ihnen heute das Sorraiapferd. Die klassische Kopfform dieses Pferdetyps findet sich aber auch bei Andalusiern, Lipizzanern und anderen Barockpferden, dazu relativ häufig beim Berber.

Der Typ des Urvollblüters

URVOLLBLÜTER Klein, aber fein war dieser Vorfahre des Arabers mit seinen 115 bis 120 cm Stockmaß. Er bevölkerte subtropische Gebiete und Wüstenformationen. Klar, dass er weite Strecken zurücklegen musste, um hier genügend Futter zu finden. Wie das Urpony war auch das kleine Vollblut Fernwanderwild. Es kam allerdings erheblich schneller voran als das nördliche Trabpferd. Der Urvollblüter war der geborene Galopper und ein ausgeprägter Flüchter. Wie seine Nachfahren startete der Minirenner voll durch, sobald er das Nahen eines Feindes auch nur befürchtete. Temperament und Leidenschaft zeigte er auch im Herden- und Familienleben. Die Pferdegruppen lebten äußerst harmonisch zusammen.

Dem Lipizaner sieht man heute noch das Erbe des Ramskopfpferdes an

NACHFAHREN   Vielen Pferderassen sieht man ihre Abstammung von diesem oder jenem Urpferdetyp noch an. Ganz rein erhalten ist aber selbstverständlich keiner mehr. Auch die Verhaltensunterschiede haben sich weitgehend vermischt. Für den Menschen »unpraktische« Eigenheiten wie die vermehrte Aggressionsbereitschaft des Ramskopfpferdes wurden im Laufe der Domestikation gezielt »herausgezüchtet«. Heute sind nur noch einige grundlegende Unterschiede zwischen Nord- und Südlandpferden erkennbar.

Die Vorstellung von Domestikation als plötzlicher Verpflanzung »aus der Steppe in den Pferdestall« ist sicher irrig. Das Pferd hat im Laufe seiner Entwicklung verschiedenste Lebensräume bevölkert und sich veränderten Bedingungen immer erfolgreich angepasst. Das können wir auch auf die Haltung des Pferdes als Haustier übertragen. Wenn wir ihm keine extremen Haltungsbedingungen wie etwa das Leben in einer Einzelbox zumuten, ist es verhältnismäßig leicht zufrieden zu stellen.

Freiheit – unendlich erstrebenswert?

In vielen modernen Veröffentlichungen über Pferde wird dem Leser gezielt ein schlechtes Gewissen vermittelt. Der Mensch, so heißt es, habe sich gegenüber dem Pferd versündigt, indem er es zähmte und für seine eigensüchtigen Zwecke verwandte. Ganz unrichtig ist das natürlich nicht. Andererseits brachte die Domestikation dem Pferd auch Vorteile. Nur in der Fantasie des Menschen schien in der Steppe nämlich stets die Sonne, das Gras wuchs den Pferden praktisch ins Maul und den paar Raubtieren konnten sie leicht entkommen. In Wirklichkeit waren die Winter im Norden lang, die Sommer im Süden trocken, häufig verbunden mit Wassermangel. So manches Pferd verhungerte oder fiel entkräftet einem Raubtier zum Opfer. War ein Pferd krank, kam der Wolf, nicht der Tierarzt. Ob unsere Freizeitpferde ihre Sommerweide und ihren trockenen Winterauslauf mit täglich dreimaliger Fütterung wirklich gegen ein solches Leben in Freiheit eintauschen würden? Wir werden es nie erfahren. Ein schlechtes Gewissen müssen wir uns aber sicher nicht machen, wenn wir sie für all den von uns gebotenen Service ein paar Mal in der Woche reiten wollen.

Spielpartner sind wichtig

Neben dem Spiel mit Altersgenossen bleibt die Mutter lange Zeit für das Fohlen der sichere Zufluchtsort

▶ Das Familienleben der Pferde

Pferde führen ein ausgeprägtes Familienleben. In der Regel besteht eine solche Familie aus zwei bis drei Stuten, einem Hengst und den zugehörigen Fohlen. Manchmal kann ein Hengst einen etwas größeren Harem ergattern, häufig muss er sich mit einer einzigen Stute zufrieden geben. Viele Hengste finden auch gar keine und verbringen ihr Leben als »Junggesellen«. Das bedeutet allerdings nicht, dass sie einsam sind. Bei größeren Pferdepopulationen bilden sich »Junggesellenherden«, die mehr oder weniger Kontakt zu den Ursprungsfamilien halten. Oft duldet der Leithengst seine Söhne sogar in relativer Nähe seines »Harems«. Nur während der Decksaison kennt er kein Pardon. Dann hat sich der männliche Nachwuchs zurückzuziehen. Junge Stuten bleiben zunächst in der Ursprungsfamilie, was natürlich einen gewissen Inzuchtanteil nach sich zieht. Die Nachwuchsstuten werden vom Hengst aber mit weniger Umsicht bewacht als die älteren. Gelingt es einem mutigen Junghengst, eine Stute wegzutreiben, so ist es fast immer ein solches Nachwuchspferd.

Bleibt die Stute in der Herde, so unterhält sie auch noch als Erwachsene enge Beziehungen zu ihrer Mutter und ihren Schwestern. Wird ein Fohlen in eine solche Stutenfamilie hineingeboren, hat es gleich noch ein oder zwei »Ersatzmütter«. Im Allgemeinen trinkt der Nachwuchs zwar nur bei der eigenen Mami, aber selbst bei domestizierten Pferden gibt es hier Ausnahmen. Besonders bei recht urtümlichen Rassen wie etwa Isländern kann man das häufig beobachten.

Die »Erziehung« der Fohlen obliegt in Pferdefamilien zwar weitgehend der Stute, der Hengst verhält sich dem Nachwuchs gegenüber jedoch freundlich. Man sieht ihn durchaus mal beim Spielen oder bei der sozialen Fellpflege mit einem Sohn oder einer Tochter. Verhaltensforscher gehen heute davon aus, dass vieles im Bereich des Pferdeverhaltens erlernt ist. Je natürlicher ein Fohlen aufwächst – im Idealfall also in einer alters- und geschlechtsmäßig gemischten Herde –, desto weniger Verhaltensstörungen wird es später zeigen.

HERDENZUSAMMENSTELLUNG Vom Menschen zusammengestellte Pferdegruppen sind zwangsläufig nur selten mit natürlichen identisch. So werden zum Beispiel kaum Hengste gehalten. Einmal deshalb, weil viele Hobbypferdehalter mit dem selbstbewussten Verhalten eines »Paschas« überfordert wären, und dann natürlich auch, weil sich nicht jeder Hengst zur Zucht eignet. Außerdem sollen Reitstuten nicht jährlich gedeckt werden. Ein Nebeneinanderherleben von Junggesellengruppen und Familien, wie man es in Freiheit oft sieht, wäre unter menschlicher Regie auch aus Platzgründen kaum machbar. Bei solchen Konstellationen muss der Ausweichraum riesig sein, ansonsten sind Mord und Totschlag vorprogrammiert. Statt der Hengste

Natürliche Familienverbände bestehen immer aus Pferden unterschiedlichen Alters

teilen sich deshalb meist Wallache die Weide mit Stuten. Sie zeigen unterschiedlich starkes Hengstverhalten, die meisten sind sowohl mit Stuten als auch mit anderen Wallachen problemlos gemeinsam zu halten. Einige wenige zeigen jedoch extreme »Hengstallüren« und verteidigen ihren »Harem« wie ein Herdenhengst.

Spiel zweier Wallache:

Fohlen wachsen in den meisten Gestüten getrennt von den erwachsenen Pferden auf. Sie werden in Gruppen Gleichaltriger in Stuten- und Hengstherden zusammengefasst. Auch das hat wieder praktische Gründe. So müssen die jungen Hengste zwangsläufig von den Stuten getrennt werden, da es sonst unerwünschte Fohlen gibt. Die gemeinsame Haltung von Fohlen mit Reitpferden ist in großen Betrieben unpraktisch. Im Allgemeinen bringt man die Reittiere auf schnell verfügbaren, hausnahen Weiden unter, während die Youngster sich auf großen, weiter entfernten Wiesen tummeln.

AUFZUCHT AM HAUS? Für den Freizeitreiter, der nur gelegentlich ein Fohlen aus der eigenen Stute großzieht, ist abzuwägen, ob »Aufwachsen in einer gemischten Herde« für die Entwicklung des Fohlens wichtiger ist als »Spielen mit Gleichaltrigen«. Verhaltensforscher beantworten diese Frage mit einem glatten »Nein«. Ein junges Pferd braucht dringend gleichaltrige, bewegungsfreudige Spielkameraden. Nur durch ausreichende Bewegungsanreize können sich Lunge und Muskeln des Fohlens optimal entwickeln. In einer reinen Erwachsenengruppe langweilt es sich und bewegt sich deutlich weniger. Viele Hobbyzüchter schicken ihre Fohlen deshalb zum Aufwachsen auf ein Gestüt, wo sie mit anderen Jungpferden den Sommer auf großen Weideflächen verbringen.

In Scheinangriffen demonstrieren sie ...

Geschicklichkeit und Mut

Die Sache mit dem Leithengst

Der Hengst gilt vielen Menschen als Symbol der Stärke, des Adels und der Männlichkeit. Bücher und Filme stellen den Leithengst als tapferen Führer und Verteidiger seiner Herde dar. Tatsächlich ist ein Hengst, so imposant er sich auch aufführt, nichts anderes als ein männliches Pferd. Grundsätzliche Verhaltensweisen hat er mit dem weiblichen Pferd gemeinsam. Dazu gehört zum Beispiel das Fluchtverhalten. Befürchtet die Herde den Angriff eines Raubtiers, so läuft der Hengst mit – meist ohne Führungsambitionen. Bei spontaner Flucht heißt es ohnehin: Rette sich, wer kann. Aber auch im Alltag führt der Hengst die Gruppe in der Regel nicht an. Chefin ist eher eine alte, erfahrene Stute, die neue Wasser- und Futterplätze sondiert, bevor die anderen Tiere nachkommen. Das berühmte Zusammentreiben der Herde und das Verteidigungsverhalten des Hengstes gehören ziemlich ausschließlich in den Bereich der Fortpflanzung. Der Hengst sichert und bewacht seinen Harem, er treibt Rivalen von seiner Familie weg, oder er stiehlt Stuten aus anderen Familien, indem er sie vor sich hertreibt. Dieses Verhalten ist sehr eindrucksvoll und sieht imposanter aus als bei Stuten oder Wallachen, verherrlichen sollte man diese Männlichkeitsdarstellung dennoch nicht.

▸ Der Wallach – das dritte Geschlecht

In unseren Breiten werden die meisten Hengste kastriert, das heißt, die Hoden werden operativ entfernt, und der Hengst wird zum Wallach. Dies dient einmal der Haltungserleichterung, zum anderen erhofft man sich vom Wallach ein ruhigeres Temperament. Wie weit und vor allem warum sich diese Vorstellung bewahrheitet, ist Ansichtssache. Realistisch gesehen verändert die Kastration den Charakter eines Tieres sicher nicht. Sie nimmt ihm lediglich den Geschlechtstrieb – und auch das nur mit unterschiedlichem Ergebnis. Mitunter übernimmt die Nebenniere einen Teil der Hormonproduktion. Im Allgemeinen ist das Verhalten von Wallachen aber weniger hormongesteuert als das der Hengste, was den Umgang mit ihnen erleichtert.

Doch auch kritische Stimmen regen sich zur Kastration, zum Teil mit sehr dramatischem Unterton. Besonders in den letzten Jahren ist es zur Mode geworden, Kastration mit sehr vermenschlichenden Argumenten abzulehnen: Der Eingriff raube dem Pferd die Seele und die Lebensqualität, mache das Tier zum Neutrum und verletze seinen Stolz. Bevor man dem Pferd das antut, lässt man es dann doch lieber Hengst – und verurteilt es zu lebenslanger Einzelhaft, denn artgerechte Haltungsanlagen

für Hengste sind selten. Insofern sind die meisten Hengste weit mehr zu bedauern als das Gros der Reitwallache. Die leben nämlich zumindest in Freizeitreiterhand in der Regel in Familien oder »Junggesellengruppen«, haben Freunde und oft auch regelrechte Partnerinnen. Selbstverständlich verliert der Wallach auch weder seinen Stolz noch seine Seele. Es sei denn, man wollte das eine oder das andere in den Hoden ansiedeln. Wallache sind männliche Pferde ohne oder mit vermindertem Geschlechtstrieb. Außerhalb der Paarungszeit weicht ihr Verhalten kaum von dem eines zufriedenen Herdenhengstes ab. Defizite zeigen eher unsere typischen Reithengste. Ihr Macho-Gehabe bei jedem Verlassen der Box ist durchaus nicht hengsttypisch, sondern eher neurotisch. Wenn man also unbedingt einen Hengst halten will, so bitte nur, wenn artgerechte Haltung in einer Junggesellengruppe ohne Stutenkontakt möglich ist.

Manch ein Reiter nimmt dafür hohe Kosten und einen weiten Anfahrtsweg zu seinem Pferd in Kauf. Will oder kann man das nicht, so spricht nichts dagegen, das Pferd zu kastrieren. Der Eingriff ist schnell vergessen, für den Tierarzt ist er nur Routnie, und die Lebensqualität des Tieres steigt dadurch um ein Vielfaches.

Ein Wallach kann in der Regel artgerechter als ein Hengst gehalten werden

▶ **Dr. med. vet.
Barbara Schöning**

Ausschlagen mit der Hinterhand ist oft eine Verteidigungshaltung, die aus Angst entspringt. Ein nervöses, verängstigtes Pferd, das sich auf der Weide nicht fangen lässt, darf man deshalb niemals in eine Ecke drängen. Es könnte in Panik ausschlagen, wenn man versucht, sich ihm zum Aufhalftern von hinten zu nähern.

▶ Wenn zwei sich streiten – Aggressivität

Auch in Pferdegruppen wird gestritten. Genau wie unter Menschen gibt es hier friedfertige Individuen und geborene Streithähne. Besonders selbstbewusste, starke Pferde kämpfen oft – zumindest so lange, bis sie den ihnen zustehenden, hohen Platz in der Rangordnung erreicht haben.

STREITANLÄSSE Verstöße gegen die Rangordnung sind ohnehin die Hauptursachen von Auseinandersetzungen zwischen Stuten und Wallachen. Zu den dramatischeren Hengstkämpfen, die wir aus vielen Filmen kennen, kommt es höchstens, wenn ein Herdenhengst versucht, dem anderen eine Stute zu stehlen. Solche Streitigkeiten enden im Extremfall mit ernsten Verletzungen, begegnen uns im täglichen Umgang mit Pferden aber so gut wie nie. Häufig beobachten wir dagegen Kampfspiele, die junge Hengste und Wallache oft stundenlang miteinander ausfechten.

Die Möglichkeit, sich in Kampfspielen auszutoben, trägt viel zur Ausgeglichenheit des Pferdes unter dem Reiter bei

Gelegentlich machen auch mal ein erwachsener Wallach oder eine junge Stute mit. Das Kampfspiel ähnelt dem Hengstkampf, beinhaltet also Steigen und Beißen nach den Vorderbeinen. Es wird aber weniger verbissen betrieben. Nach dem Spiel sind die »Gegner« wieder beste Freunde.

KAMPFTECHNIK Die Rangordnungskämpfe erwachsener Stuten und Wallache werden im Allgemeinen mit den Hinterhufen ausgemacht. An sich ist das eine Verteidigungshaltung, aber mitunter schlägt ein ranghohes Pferd auch nur aus einer Laune heraus auf ein schwächeres ein. Kann das attackierte Tier dann nicht ausweichen, wird es gefährlich. Das stärkere Pferd deutet sein Bleiben als Aggression und wird nicht aufhören, auf den Gegner einzutrommeln. Aus diesem Grund dürfen Haltungsanlagen für Pferde niemals verwinkelt sein. Selbst im Offenstall muss es für ein »verfolgtes« Pferd immer möglich sein, am Aggressor vorbei ins Freie zu kommen.

AGGRESSION GEGEN MENSCHEN Erwachsene, gut erzogene Pferde werden nur in Ausnahmefällen nach Menschen schlagen oder beißen. Fohlen versuchen das mitunter, müssen dann aber direkt in ihre Schranken verwiesen werden. Sie lernen so sehr schnell, Schlagen gegen Menschen unter »Todsünde« einzuordnen. Ein erwachsenes aggressives Pferd ist nur schwer zu korrigieren. Besonders, wenn es dazu neigt, mit Vorderhufen und Zähnen anzugreifen, sollten Anfänger unter allen Umständen die Finger davon lassen. Auch dann, wenn das Tier schön und billig ist und dem Menschen Leid tut.

Aus der Drohung wird Ernst: Ausschlagen mit den Hinterbeinen gegen den Störenfried

► Dicke Freunde – soziale Fellpflege

Wenn sich zwei Pferde gut verstehen, fordern sie einander häufig zur sozialen Fellpflege auf. Dabei beknabbern und kraulen die Partner sich gegenseitig mit Lippen und Zähnen, hauptsächlich am Hals und am Schweifansatz, also an Körperstellen, die das Pferd allein nicht oder nur schwer erreichen kann. Auch die Flankengegend und die Kruppe lässt das Pferd sich gern von seinem Partner massieren.

Soziale Fellpflege erfüllt den Zweck des gegenseitigen Putzens oder des Kratzens, weil es an dieser oder jener Stelle juckt. Pferde wissen ihrem Kraulpartner genau verständlich zu machen, wo sie massiert werden möchten. Meist tun sie das, indem sie den Partner andeutungsweise an der entsprechenden Stelle beknabbern.

Häufige »Kraulpartnerschaften« verraten Sympathie, nicht Versklavung. Zum Kraulen

Beide Partner genießen das gegenseitige Fellkraulen

treffen sich Pferde ganz unterschiedlichen Rangs. Es kommt durchaus vor, dass sich rangniedrigere Herdenmitglieder Ranghohen zur Fellpflege nähern.

Dem Menschen vertraute, im Umgang angstfreie Pferde fordern auch ihren Zweibeiner gern mal zum gegenseitigen Kraulen auf. Das passiert vor allem beim Putzen, denn die Bearbeitung mit dem Striegel löst beim Pferd den Reflex aus, dem Krauler ebenfalls etwas Gutes zu tun. Als Pferdefreund darf man sich ruhig darauf einlassen und das Angebot als »Ehre« auffassen. Schließlich beweist das Pferd damit Freundschaft und Zutrauen. Aber Vorsicht, Pferde verwenden gern die Zähne zur Massage! Man kann ihnen das leicht abgewöhnen, indem man sie bei jedem »Zahnkontakt« freundlich, aber konsequent zurückweist. Bis das Pferd gelernt hat, sich beim Zweibeiner auf »Lippenmassage« zu beschränken, zieht man beim Putzen aber besser eine dicke Jacke über.

► Ständig hungrig – die Futteraufnahme

Fressen hat einen wichtigen Stellenwert im Leben eines Pferdes. In Freiheit sind die Tiere 12 bis 16 Stunden pro Tag mit der Futteraufnahme beschäftigt. So langes Fressen gehört zu ihrem festen Verhaltensrepertoire. Das heißt, sie hören nicht unbedingt auf, wenn ihr Hunger gestillt bzw. die ausreichende Nährstoffaufnahme gesichert ist. Pferde sind auch keinesfalls »figurbewusst«. Im Gegenteil: Das Bedürfnis, sich im Sommer einen Fettvorrat anzulegen, von dem dann im mageren Winter gezehrt werden kann, ist fest in ihren Genen verankert. Besonders nordische Ponys, von Natur aus gute Futterverwerter, kennen hier kein Halten. Zu dicke Pferde leben jedoch gefährlich. Sie sind von Herzverfettung und vor allem Hufrehe, einer Stoffwechselerkrankung, bedroht.

RICHTIG FÜTTERN Die natürlichsten Grundfuttermittel für alle Pferde sind Gras im Sommer und Heu im Winter. Im Gegensatz zu gehaltvolleren Nahrungsmitteln wie Hafer oder Pellets fordern sie verhältnismäßig viel Zeit zur Futteraufnahme. Das ist wichtig, wenn die Tiere möglichst naturnah und artgerecht gehalten werden sollen. Ermöglicht man dem Pferd nicht, viele Stunden am Tag zu kauen, so neigt es zum Beknabbern von Holz im Stall oder Auffressen der Einstreu.

Viele Freizeitreiter haben die Möglichkeit, ihre Pferde zumindest im Sommer bei Tag und Nacht auf der

Weide zu halten. Das kommt natürlicher Haltung am nächsten. Aber Vorsicht: Etliche unserer bevorzugten Freizeitpferderassen wie Isländer, Haflinger und Norweger werden auf den hiesigen Kulturweiden leicht zu fett. Der Verdauungsapparat dieser Pferde ist auf karge Weiden und kurze Vegetationsperioden zugeschnitten. In jahrhundertelanger, natürlicher Selektion haben sich erstklassige Futterverwerter herausgebildet. Überlässt man sie auf den bei uns üblichen durch Düngung üppigen Weiden sich selbst, fressen sie sich auf lange Sicht buchstäblich zu Tode. Hier muss

der Mensch eingreifen. Am besten reduziert man den Weidegang der zum Übergewicht neigenden Pferde. Im Durchschnitt reicht es, wenn sie sechs Stunden pro Tag fressen. In Einzelfällen – und besonders, wenn die Tiere bereits zu dick sind und abnehmen müssen – ist die Weidezeit noch mehr einzuschränken. Zwischen den Weidezeiten sollte dann grundsätzlich Stroh zum Knabbern und zur Befriedigung des natürlichen Kaubedürfnisses zur Verfügung stehen. Denn auch Fressen ist eine Art von Beschäftigung.

Gute Futterverwerter dürfen nur wenige Stunden pro Tag auf die Weide

KRAFTFUTTER Hafer oder andere gehaltvolle Futtermittel (z.B. Müslifutter, Rübenschnitzel) braucht das Pferd eigentlich nur dann, wenn es arbeitet. Ansonsten tut man dem Tier mit den eiweißreichen Leckerbissen nichts Gutes für ihre Gesundheit. Wie viel das einzelne Tier bei leichter, mittelschwerer und wirklich schwerer Arbeit braucht, kann man Fütterungstabellen (siehe Literaturtipps im Serviceteil ab Seite 125) und Packungsangaben auf den Futtermittelsäcken entnehmen. Dies sind jedoch immer nur Richtwerte, in der Regel müssen sie eher nach unten als nach oben korrigiert werden.

Viele Freizeitreiter haben auch nur unklare Vorstellungen davon, was für ein Pferd »Arbeit« ist. Gerade Anfänger müssen sich selbst bei der Reitstunde sehr anstrengen und schließen daraus, dass jetzt auch ihr Pferd am Ende seiner Kräfte sein muss. Das hat aber meist noch nicht mal geschwitzt. Nur wenige unserer Freizeitpferde leisten mehr als »leichte Arbeit«. Der einstündige ruhige Ausritt, auf den es pro Tag maximal hinausläuft, strengt sie nicht wirklich an.

Achtung, Krankheitszeichen!

Wenn ein Pferd keinen Hunger hat, ist es krank. Dieser Satz gilt bei fast jeder Erkrankung unserer Vierbeiner.

KOLIK Besonders häufig ist dabei »Kolik«, eine Sammelbezeichnung für »Bauchschmerzen«. Koliken können verschiedensten Ursachen haben. Die gängigsten sind Verstopfung und Blähungen. Nur ein relativ geringer Teil aller Koliken (30 Prozent) ist allerdings wirklich gefährlich. Die meisten gehen einfach auf Verspannungen oder leichte Darmträgheit zurück. Sie sind mit einer Injektion binnen Minuten zu heilen. Klappt das jedoch nicht, bringt man das Pferd am besten direkt in eine gute Tierklinik. Im schlimmsten Fall ist eine Operation fällig.

Koliken erkennt man an Futterverweigerung, häufigem Wälzen, Schwitzen oder Streckstellung. Besonders Ponys wirken aber auch oft einfach schlapp und legen sich stundenlang hin. Ein erfahrener Pfleger legt dann erst mal sein Ohr an den Unterbauch des Pferdes und lauscht auf Darmgeräusche. Rechts muss immer ein Rumoren vorliegen, links erfolgt etwa einmal pro Minute ein starkes Blinddarmgeräusch. Herrscht an mindestens einer Bauchseite

Artgemäße Haltung bedeutet auch regelmäßige und vor allem häufige Fütterungszeiten

► **Dr. med. vet.
Barbara Schöning**

Wasserverweigerung

Wenn ein Pferd absolut
nicht trinken will, weil
ihm das Wasser nicht
schmeckt, und Dehyd-
rationsgefahr besteht,
kann es helfen, ihm ei-
nen Tropfen Japani-
sches Heilpflanzenöl
auf die Nase zu strei-
chen. Der starke Ge-
ruch der ätherischen
Öle überlagert dann
den Eigengeruch des
Wassers und mitunter
lässt sich das Pferd
überlisten. Der Trick
funktioniert auch bei
Pferden, die sich wei-
gern, Arzneimittel mit
dem Futter aufzuneh-
men.

Stille, so ist das Pferd verstopft.
Sind die Darmgeräusche dage-
gen stark erhöht, so liegt wahr-
scheinlich eine Gaskolik vor.
Der Tierarzt muss auf jeden
Fall kommen.

HUFREHE Eine der we-
nigen Krankheiten, bei denen
der Appetit des Pferdes unbe-
einflusst bleibt, ist die Hufrehe
(Huflederhautentzündung). Es
handelt sich hier um eine Art
»Selbstvergiftung« des Körpers,
häufig infolge übermäßiger
rohfaserarmer Eiweißfütte-
rung. Deshalb erkranken fast
immer übergewichtige Pferde.
Hufrehe verursacht starke
Schmerzen im Huf. Oft sind
beide Vorderhufe gleichzeitig
betroffen. Durch die harte
Hornkapsel kann die entzün-
dete Huflederhaut nicht
anschwellen. Der Schmerz ist
also dem Anschwellen eines
Körperteils unter einem Gips-
verband vergleichbar. An Rehe
erkrankte Pferde versuchen
ihre Hufe zu entlasten, indem
sie in starke Streckstellung gehen. Verständlicherweise mögen sie sich nicht bewegen. Als

Erste Hilfe, bis der Tierarzt eintrifft, lindert man die Schmerzen
mit kaltem Wasser, das man entweder über die Hufe gießt, oder
auch, wenn das das Pferd zulässt, indem man die Hufe direkt in
Eimer mit kaltem Wasser stellt. Behandelt wird Rehe mit ent-
zündungshemmenden Mitteln und konsequenter Diät. Wenn die
betroffenen Pferde nicht abspecken und sehr sorgfältig gefüttert
werden, kommt es zu immer neuen Schüben.

▶ Pferde an der Tränke

Pferde sollten ständig Trinkwasser zur Verfügung haben. Ihr
Wasserbedarf differiert je nach Fütterung – zu Heu und Stroh
brauchen sie mehr als zum wasserreichen Gras. Auch das Wetter
spielt natürlich eine Rolle. An warmen Sommertagen wird mehr
Wasser konsumiert. Dann kann ein Großpferd schon mal an
einem heißen Tag sechzig bis achtzig Liter zu sich nehmen.

An der Tränke kann es
zu Rangeleien kom-
men, besonders wenn
nicht ständig Wasser
zur Verfügung steht

Selbstbedienung – die Selbsttränke

Aus modernen Haltungsanlagen ist die Selbsttränke nicht mehr wegzudenken. Es handelt sich dabei um ein etwa maulgroßes Becken, aus dem die Pferde schluckweise Wasser beziehen, indem sie einen Druckmechanismus betätigen. Gegenüber der früher üblichen Methode, aus Eimern zu tränken, hat die Selbsttränke erhebliche Vorteile. Den Pferden steht ständig Wasser zur Verfügung, sie sind nicht auf das Stallpersonal angewiesen und können trinken, wann sie wollen. Für den Pfleger entfällt das Wasserschleppen. Auch auf der Weide setzt sich die Selbsttränke gegenüber dem Wasserbottich immer mehr durch. Das Wasser ist hier stets kühl und frisch, es wird nicht verschmutzt und die Pferde können das Trinkgefäß nicht umwerfen, indem sie damit spielen. Kritiker merken allerdings an, dass die schluckweise Wasseraufnahme den Pferden nicht entgegenkommt. Sie können nicht in so langen Zügen saufen, wie sie möchten, sondern müssen warten, bis die Tränke sich wieder gefüllt hat.

Tatsächlich ziehen Pferde ein größeres Wasserangebot im Allgemeinen vor. Das langsame Trinken an der Selbsttränke ist allerdings nicht schädlich, sondern der Gesundheit eher zuträglich. Die Tränke muss nur so angebracht werden, dass der Pferdekopf beim Saufen eine gerade Linie mit dem Hals bilden kann. In vielen Ställen sind die Tränken zu hoch und damit unphysiologisch angebracht.

Und ansonsten hindert den Reiter ja niemand, beim Ausritt immer mal wieder einen Bach anzusteuern oder vor dem Reiten einen Eimer Wasser zu reichen. Damit das Pferd auch mal »aus vollen Zügen« genießen kann.

Pferde trinken vornehm: leise und meist ohne zu schlürfen

Eine gewaltige Menge, wenn man es in Eimern transportieren muss! Bei Auswahl und Anlage einer Haltungsanlage sollte man deshalb größten Wert auf einen leicht zugänglichen Wasseranschluss legen. Der »eigene Brunnen mit Handpumpe« verliert sein romantisches Flair spätestens nach Befüllen des sechsten Eimers mit anschließendem Tragen zur Tränkestelle.

WASSERQUALITÄT Viele Pferde sind recht wählerisch, wenn es um ihr Trinkwasser geht. Riecht das kühle Nass etwas anders als gewohnt oder wird es aus dem falschen Eimer angeboten, vergeht ihnen der Appetit. Andererseits trinken fast alle gern aus natürlichen Gewässern wie Bächen oder Teichen, auch dann, wenn uns das Wasser eher brackig erscheint. Wie auch immer: Als Pfleger hat man den vierbeinigen Sensibelchen entgegenzukommen. Insbesondere dann, wenn man sie aufs Turnier oder gar auf einen Distanzritt mitnehmen will. Dann kann Wassermangel schnell zu Elektrolytverlust und zu sehr gefährlichen Austrocknungserscheinungen führen. Sicherheitsbewusste Turnierbesucher laden grundsätzlich einen Kanister des heimischen Nasses« mit ein. Reisen nicht auch Hollywoodstars gern mit ihrem persönlichen Mineralwasservorrat?

Pferde trinken gern an natürlichen Wasserstellen

► Im Wechsel der Jahreszeiten

Wer Pferde artgerecht hält, wird den Jahresrhythmus deutlich intensiver erleben als ein Nicht-pferdehalter. Das fängt damit an, dass man den Frühling weit sehnlicher erwartet, denn damit reduziert sich die Stallarbeit. Andererseits wird die »Vorfreude« durch die Notwendigkeit von Zaunkontrolle und Weidedüngung getrübt.

FRÜHLING Im Frühjahr verlieren die Pferde ihr dickes Winterfell. Allein durch soziale Fellpflege werden sie damit

Winterfell schützt ideal vor Kälte

kaum fertig, es wird also vermehrtes Putzen fällig. Sehr gut auch gegen menschlichen Winterspeck! Stuten rossen im Frühjahr deutlicher als während des restlichen Jahres. Züchter lassen ihre Stuten jetzt decken. Aber auch Wallache entwickeln Frühlingsgefühle und lockern den Ausritt gern mal durch einen Hupfer auf.

Vorsicht bei der Umstellung von winterlicher Heu- auf sommerliche Grasfütterung! Der Pferdemagen muss zunächst erst an kleine Grasmengen gewöhnt werden. Langsames Anweiden von 15 Minuten am ersten Tag bis zum ganztägigem Weidegang erfordert mindestens 14 Tage. Im Mai steht Heukauf für den nächsten Winter an.

SOMMER Die warme Jahreszeit ist die Zeit der Fliegenplage – jedem Weidepferd sollte ein Unterstand zur Verfügung stehen, der ihm Schutz vor den Plagegeistern bietet. Dazu steht Weidepflege auf dem Arbeitsplan: Besonders bei kleineren Weideflächen sollte täglich der Pferdemist abgesammelt werden, um Wurmbefall in Grenzen zu halten. Nach der Getreideernte muss der Strohvorrat für den nächsten Winter ergänzt werden.

HERBST Im Herbst kann die Weide knapp werden. Dann wird Zufüttern nötig. Außerdem entwickeln die Pferde jetzt ihr Winterfell. Manchmal ist es schon recht dick, obwohl die Tage noch warm sind. Dann verstärkt auf Pilzbefall achten!

WINTER Die Pferde ziehen jetzt von der Weide in den Stall um, idealerweise in einen offenen Stall mit Auslauf. Für den Pfleger ist damit wieder Stallarbeit angesagt. Hinzu kommt der ständige Kampf gegen einfrierende Tränken.

Langeweile kennen Pferdehalter im Allgemeinen nicht. Artgerecht gehaltene Vierbeiner halten ihre Menschen auf Trab. Und manchmal fragen wir uns schon, wie sie es während all der Jahrtausende ihrer Evolution ohne uns ausgehalten haben!

Im Frühling erwachen die Lebensgeister: Jetzt lassen sich auch ältere Herrschaften zu einem kurzen Spiel ermuntern

Pferde
heute

Das Pferd ist aus dem Freizeitbereich des modernen Menschen nicht mehr wegzudenken. Nach jahrhundertelangem Einsatz als »Arbeitskraft« ist es nun ein Luxusgeschöpf geworden, das wir rein zum Vergnügen halten.

Das große Angebot hat Reitunterricht und Pferdehaltung erschwinglich gemacht. Bietet diese »schöne neue Pferdewelt« dem Tier aber wirklich ein »pferdegerechtes Leben«? Macht ihm die Arbeit als Reitpferd Spaß oder schadet ihm der Sport?

Diese Fragen scheinen heute oft müßig. Forderungen nach »artgerechter Pferdehaltung« und »tierschutzgerechter Nutzung« sind schließlich in aller Munde. Was ist hier jedoch Praxis und was sind nur schöne Worte? Wie steht es um die Haltung, Aufzucht und Beschäftigung unserer Sport- und Freizeitpferde? Um zu verstehen, was hier wirklich dem Pferd oder doch mehr dem Reiter – und der Reitsportindustrie – zugute kommt, müssen wie die Wurzeln einer jahrtausendealten »Partnerschaft« kennen lernen. Zeichnen wir also den Weg nach: von der ersten Liebe durch den Magen bis hin zum Pferd als Superstar.

Zwischen Schmusetier und Leistungsträger

▶ So kam der Mensch zum Pferd

Die erste Beziehung zwischen Mensch und Pferd war die zwischen Jäger und Gejagtem. Pferd am Spieß bedeutete viel Nahrung für den Stamm. Die erste Domestizierung des Pferdes dürfte unter dem Gesichtspunkt der Vorratshaltung erfolgt sein. Man fing Tiere, um sie zu mästen und zu schlachten. Irgendwann kam dann aber jemand auf eine zündende Idee, die mindestens so bahnbrechend war wie die Sache mit der Glühbirne: Er begann, das Pferd zu reiten.

ERSTE SPUREN

Die ersten Nachweise menschlicher Pferdehaltung fanden sich in der Ukraine, am westlichen Ufer des Flusses Dnjepr. Hier entdeckte man erstmals die Reste menschlicher Siedlungen, die vermutlich zwischen 4300 und 3500 vor unserer Zeitrechnung entstanden waren. Forschungen zufolge betrieben die Bewohner damals Ackerbau, aber auch Rinder-, Schaf-, Schweine- und vor allem Pferdezucht. Das Pferd muss in großem Ansehen gestanden haben, denn es wurde auch als Gottheit verehrt. In einer Siedlung namens Dereiwka fanden sich ein Pferdefell und ein Pferdeschädel, die zu einem Heiligtum angeordnet waren. Das Sensationelle daran: Das Gebiss des Tieres wies Abnutzungserscheinungen auf. Der Hengst, den man offensichtlich mit sieben oder acht Jahren den Göttern geopfert hatte, musste ein Mundstück getragen haben. Tatsächlich fanden sich in der Nähe auch zwei durchbohrte Geweihstücke: Die erste Trense der Menschheitsgeschichte. Da das Rad in der Kupferzeit noch nicht erfunden war, spricht alles dafür, dass der Hengst von Dereiwka zum Reiten genutzt wurde.

FORTSCHRITT Der Besitz von Reitpferden veränderte das Leben der Vorzeitmenschen vollständig. Ihr Bewegungsradius vergrößerte sich dadurch enorm, Jagd und Handel – und natürlich auch Kriegszüge – wurden einfacher. Die Entdeckung der Reiterei hatte enorme Auswirkungen auf die menschliche Entwicklung – und nicht nur auf die der Reitervölker. Bei den Forschungen am Dnjepr ließ sich das leicht feststellen: Kurze Zeit nach der

Zähmung der ersten Reitpferde in Dereiwka schlossen sich andere bäuerliche Dörfer zu größeren Siedlungen zusammen. Man nimmt an, dass sie das taten, um gemeinsam gegen die militärisch überlegenen Reiter angehen zu können.

PFERDELIEBE? Pferde bedeuteten für ihre Reiter einen kostbaren Besitz – und wie immer, wenn einem etwas wertvoll ist, entwickelte man dazu auch eine besondere Beziehung. Unsere Vorfahren drückten das aus, indem sie das Pferd heilig sprachen. Pferdegötter kennen wir aus praktisch jedem Kulturkreis. Erst später brachte man auch dem Pferd als Individuum Wertschätzung entgegen. Und etwa 1400 Jahre vor unserer Zeitrechnung schlug sich das auch in den ersten Ausbildungs- und Haltungsrichtlinien nieder.

Heute wieder im Trend: Barockes Reiten

▶ ## Der Weg in die Zivilisation

Von Anfang an dürfte der Mensch bestrebt gewesen sein, seine kostbaren Reitpferde gut zu behandeln. Am Anfang war das sicher mit einer ziemlich naturnahen Haltung verbunden. Wer selbst noch in Hütten wohnte, baute seinen Reitpferden keine festen Ställe. Möglicherweise brachte man die Pferde in Umzäunungen unter, in vielen Reiterländern kennt man aber auch heute noch Fesselungsmethoden. So wurden den Tieren zum Beispiel die Vorderbeine zusammengebunden, damit sie frei weiden, aber nicht zu weit weglaufen konnten.

ERSTE REITLEHREN Erste schriftliche Zeugnisse der Pferdehaltung stammen von den Griechen und den Hethitern.

Kikkuli, ein Mann aus dem Mitannireich, das damals Gebiete des heutigen Mesopotamien, Syrien und Israel umfasste, hatte dabei die Nase vorn. In hethitischer Sprache verfasste er einen heute noch lesenswerten Bericht über Fütterung, Pflege, Haltung und Training von Streitwagenpferden. Die erste Reitlehre schuf dann der Grieche Xenophon etwa 430 bis 355 Jahre vor unserer Zeitrechnung. Er legte bereits großen Wert darauf, Pferde nicht als seelenlose Nutztiere zu betrachten, sondern sich in sie hineinzudenken und ihr Wesen und ihre Verhaltensweisen zu verstehen.

PFERDE BEI HOFE Bis ins Mittelalter hinein waren die meisten Reit- und Fahrpferde Kleinpferde, vergleichbar mit unseren heutigen Arabern oder Berbern bzw. Isländern oder

Ritterrüstungen waren schwer zu tragen, weshalb größere und kräftigere Pferde gezüchtet wurden

Norwegern. Erst zur Ritterzeit züchtete man gezielt große und schwere Pferde, die leichter mit dem Gewicht der Rüstungen fertig wurden. Auch repräsentative Überlegungen kamen jetzt ins Spiel. Besonders zur Zeit des Barocks, als »Pferdekarussells«, die Vorläufer der heutigen Quadrille, in Mode kamen. Dazu wünschte man sich elegante Pferde, die sich für die Schaulektionen der hohen Schule eigneten. Um wetterunabhängig zu sein, baute man Reithallen und geschlossene Ställe. Der Barockreiter bevorzugte Hengste, wodurch sich die Einzelhaltung in Boxen durchsetzte. Bestes Beispiel für Barocke Reiterei ist die Spanische Hofreitschule in der Hofburg zu Wien: eine wunderschöne Halle, goldgeschmückte Ställe – aber Pferde, die von artgerechter Haltung nur träumen können.

▶ Pferdehaltung einst und jetzt

Aus allen früheren Kapiteln ging bereits hervor, was ein Pferd braucht, um rundum zufrieden zu sein: Bewegung in frischer Luft, Gesellschaft von Artgenossen und Gelegenheit zu mehrstündiger Futteraufnahme. Entsprechen die Haltungsanlage und die Versorgung durch den Menschen diesen Bedingungen, so sprechen wir von »artgerechter Pferdehaltung«. Eigentlich sollte jedes Pferd so leben. Aber die Wirklichkeit sieht leider oft anders aus.

TRADITIONELLE PFERDEHALTUNG »Artgerechte Pferdehaltung« ist ein Schlagwort unserer Zeit. Unsere Vorfahren, die das Pferd als Nutztier hielten, machten sich darüber keine großen Gedanken. Trotzdem war die Haltung der Pferde damals oft naturnäher als heute. Schon aus praktischen Überlegungen ließ der Bauer seine Arbeitspferde lieber auf die Weide als sie in den Stall zu sperren. Und mussten sie doch mal angebunden im

Gegensätze: grenzenlose Pferdefreiheit ...

Ständer stehen, so hatten sie immerhin einen Tag harter Arbeit hinter sich und ihren Bewegungsdrang weitgehend ausgelebt. Dazu kam das enorme Personalangebot, das Pferdehaltern in früheren Zeiten zur Verfügung stand. Jedes Kavalleriepferd verfügte zum Beispiel über mindestens einen Burschen, der nur für seine Versorgung und sein Wohlergehen zuständig war. Er fütterte es fünfmal am Tag, putzte es, führte es herum und bewegte es auf Schrittausritten, wenn sein Herr einmal dienstfrei hatte. Klar, diesen Pferden fehlte es an der Gesellschaft von Artgenossen, aber Langeweile kam trotzdem nicht auf. Als das Pferd dann seine Wandlung vom Arbeitspferd zum Sport- und Freizeitpferd vollzog, änderte sich sein Tagesablauf. Plötzlich wurde es nicht mehr sechs bis acht Stunden täglich geritten oder gefahren, sondern nur noch, wenn sein Reiter Lust hatte. Personal wurde knapp und teuer, wodurch sich z. B. die Fütterungszeiten reduzierten. Das Gros der Reitstallpferde wird heute maximal drei-mal, oft nur

... und Leben hinter Gittern

Einzelboxen mit Auslauf sind ein Kompromiss zum Vorteil des Pferdes

zwei-mal am Tag mit Heu und Hafer versorgt. Auch das »Auf-die-Weide-bringen und Abholen« sowie die aufwendige Reinigung des Pferdes danach wollten jetzt teuer bezahlt oder vom Reiter selbst erledigt werden. Infolgedessen fiel es oft weg. Das Pferd verbrachte mehr und mehr Stunden beschäftigungslos in der Einzelbox – die obendrein selten gemistet wurde, weil auch das Arbeit und Kosten verursacht. Wir dürfen uns diese Haltung nicht mit dem Argument »Das haben wir schon immer so gemacht« schönreden lassen. Reine Boxhaltung ist nicht in Ordnung, und so wie wir sie heute vorfinden, hat sie auch keine »Tradition«.

NEUE WEGE Nicht nur für das Pferd, auch für den Reiter hat die herkömmliche Boxhaltung im Reitstall mehr Nach- als Vorteile. Gut, die Pferde sind immer sauber und trocken und brauchen vor dem Reiten nicht von entfernten Weiden geholt zu werden. Dafür sind die frustrierten, unglücklichen Tiere aber nervös und schlecht gelaunt. Ihren Bewegungsdrang leben sie dann oft in Form von Buckeln und Durchgehen aus. In den Sechzigerjahren verunsicherte dieses unkontrollierbare Verhalten der Stallpferde viele Reitanfänger. In dieser Zeit, als immer mehr Menschen mehr Freizeit hatten und sich auf ihren Kindertraum vom Reiten besannen, begann erstmals eine ganze Generation ihr Reiterleben als Erwachsene. Der unbekümmerte Umgang Jugendlicher mit schwierigen und gefährlichen Pferden ging diesen Menschen ab. Sie wünschten sich freundliche, ausgeglichene Pferde, mit denen sie in Harmonie ihre Freizeit genießen konnten. Dafür nahmen sie gern ein paar Unbequemlichkeiten in Kauf, ja, sie fanden sogar Gefallen daran, ihr Pferd selbst zu putzen und zu satteln, zu füttern und zu pflegen. Damit war die Idee der Freizeitreiterei geboren. Die Schriftstellerin Ursula Bruns half ihr zusätzlich auf die Beine, indem sie Pferderassen propagierte, die Anfängern den Einstieg leichter machen. Dazu gab sie Tipps zur Haltung und Nutzung und stärkte den Newcomern den Rücken. In den letzten vierzig Jahren entstand so eine Alternativbewegung zur herkömmlichen Pferdehaltung und Reitnutzung der Vierbeiner. Die Tiere sollten artgerecht gehalten und möglichst pferdefreundlich genutzt werden.

OFFENSTALLHALTUNG Grundsätzlich sind alle Pferde Frischluftfanatiker, aber zeitweise schätzen sie auch einen Unterstand. Wetterschutz – egal ob er vorzugsweise bei Regen oder bei Sonnenschein genutzt wird – muss sein. Im Winter sollte zudem unter Dach gefüttert werden. Wirft man das Heu in den Regen und auf unbefestigten, matschigen Untergrund, so verdirbt und verschmutzt es schneller, als die Pferde fressen. Freiheit und Schutz gleichermaßen gewährleistet in erster Linie die Offenstallhaltung. Hier handelt es sich um Ställe, deren Türen immer offen stehen. Die Pferde können selbst wählen, ob sie sich drinnen oder draußen aufhalten möchten. Das

Ideal: Gruppenhaltung im Offenstall

klingt einfach, aber Primitivbauweise ist hier trotzdem nicht angesagt. Ein ganzjährig genutzter Offenstall ist mehr als ein schlichter Weideschuppen. Das fängt damit an, dass der Boden und möglichst noch ein Stallvorplatz befestigt werden müssen. Naturboden wird schnell zu matschig. Dazu wird Raum für die winterliche Heu- und Strohlagerung benötigt sowie eine Futter- und Sattelkammer. Wasseranschluss muss gewährleistet sein. Ein verschließbarer Stallbereich ist nützlich, um ein Pferd im Krankheitsfall zu separieren. Oft wird der Stall auch in besondere Fress- und Liegebereiche eingeteilt. Über die richtige Anlage eines Offenstalls gibt es mannigfache, sehr gute Veröffentlichungen. Stallbaufachleute wie Ingolf Bender (siehe Buchtipp im Serviceteil) bieten auch individuelle Beratung an.

Eine Verbindung von Offenstallhaltung und Weidegang kommt den Bedürfnissen der Pferde am meisten entgegen

AUSLAUF UND WEIDE
Im Sommer gehen die Pferde vom Offenstall aus direkt auf die Weide – sofern man die Möglichkeit hat, Weiden am Stall anzupachten. Die Sommerweide kann aber nicht gleichzeitig als Winterauslauf genutzt werden. Während der kalten und nassen Jahreszeit

würden die Pferde die Grasnarbe zerstören, indem sie das Gras zunächst bis zur Wurzel abfressen und dann die Reste zertreten. Was bleibt, sind bestenfalls Unkräuter, meist nur eine Matschwüste. Insofern muss die Weide im Winter gesperrt werden und die Pferde brauchen einen Sandauslauf, um sich die Beine zu vertreten.

Wenn man nicht gerade in einer Gegend mit natürlichem Sandboden wohnt, ist eine solche Anlage leider teuer. Schließlich genügt es nicht, eine Grube auszuheben und mit Sand aufzufüllen. Damit er trocken bleibt, ist fachmännische Drainage angesagt. Einen sehr großen Bereich auf diese Art zu befestigen, kann sich kaum jemand leisten. Die meisten Ausläufe oder Paddocks werden dem Bewegungsbedürfnis des Pferdes deshalb nicht ausreichend gerecht. Ihre Bewohner müssen dann auch im Winter von ihren Besitzern täglich bewegt werden. Das trifft auch im Sommer zu, wenn die Haltungsanlage nur über kleine Weideflächen verfügt.

Artgerechte Haltung bedeutet insofern nicht »Arbeitsersparnis«. Im Gegenteil: Wer sein Pferd möglichst naturnah halten will, braucht mehr Einsatz, Zeit und Energie als ein anderer, der es einfach im Reitstall unterstellt. All das stellt an berufstätige Pferdehalter oft enorme Ansprüche. Aber leider gibt es kaum Alternativen. Pensionsbetriebe, die artgerechte Pferdehaltung ohne Eigenleistung anbieten, sind so selten wie die Nadel im Heuhaufen.

Das Freizeitpferd

»Freizeitreiten« – dieser Begriff ist heute zum Synonym für Reiten ohne Leistungsdruck und in Harmonie mit dem Pferd geworden. Freizeitreiter kaufen sich ihr Pferd nicht aus Ehrgeiz oder sportlichem Interesse, sondern weil sie es lieben und gern mit ihm umgehen. Sie unternehmen alles, um sein Wohlergehen zu sichern, scheuen weder Zeit noch Mühe, um ihm artgerechte Haltung und beste Versorgung bieten zu können.

So weit die Theorie. In der Praxis sieht manches anders aus beziehungsweise kehrt sich aus Unkenntnis oder Profitgier um. Das fängt damit an, dass viele typische »Freizeitpferderassen« heute nicht mehr in erster Linie im Hinblick auf harmonisches Reiten und Familienanschluss gezüchtet werden. Für spezielle Pferderassen bestehen schon florierende Turnierszenen mit allen Vor- und Nachteilen für Mensch und Pferd. Wer hier »Nurfreizeitreiter« sein möchte, wird oft mitleidig belächelt.

Turnierpferde sind meist ausgelastet

Auch Sportpferde brauchen Ausgleich durch Geländeritte

Auf der anderen Seite gibt es viele »Freizeitreiter«, die das Postulat »Reiten ohne Leistungsdruck« mit »Spaß ohne Anstrengung« verwechseln. »Das brauche ich nicht, ich bin nur Freizeitreiter«, gehört zu den beliebtesten Ausreden, um sich Arbeit und Verantwortung rund ums Pferd zu entziehen.

Aber selbst wenn jemand es ernst meint und seine ganze Energie in das Hobby »Pferd« steckt: Gerade bei der Freizeitpferdehaltung gelingt es nur wenigen, alle Fehlerfallen zu umgehen.

FALLE 1: REITMINIMALISMUS

Reiten ist ein schwerer Sport. Es erfordert ein Höchstmaß an Gleichgewichtssinn und Körperbeherrschung. Dabei steigern sich die Anforderungen hier nicht kontinuierlich von leichten zu schwierigen Lektionen. Im Gegenteil: Gerade die Anfangsgründe des korrekten Sitzes und des geschmeidigen Mitgehens in der Bewegung sind schwer zu erlernen. Eben diese Grundfertigkeiten sind jedoch dringend notwendig, wenn man ein Pferd reiten möchte, ohne es vorzeitig zu verschleißen. Warum genau das so ist, wird später noch erklärt. Auf jeden Fall braucht man mehr als einen Wochenendkurs oder drei bis vier Reitstunden, um auch nur die Grundgangarten Schritt, Trab und Galopp gekonnt und pferdeschonend reiten zu lernen. Das klappt auch kaum auf Ausritten, sondern nur unter dem kundigen und kritischen Blick eines Reitlehrers, der von der Mitte der Reitbahn aus ständig korrigiert. Wenn nun viele Freizeitreiter mit den Argumenten »langweilig«, »Ich will ja doch nicht auf Turniere«, »Ich reite lieber ins Gelände« auf einen solchen Reitunterricht verzichten, schaden sie ihrem Pferd. Von »pferdefreundlichem Reiten« und »Harmonie mit dem Vierbeiner« ist ihr »Reitminimalismus« weit entfernt.

Reitstunden sind immer eine sinnvolle Investition, ob auf Schulpferden oder auf dem eigenen Pferd

FALLE 2: ZEITMANGEL Keine Frage: Es macht eine Menge Arbeit, sein Pferd in Eigenregie zu versorgen. Viele Freizeitreiter klagen zu Recht, dass sie darüber kaum aufs Pferd kommen. Das gilt natürlich besonders im Winter, wenn die Tage kürzer werden. Insofern werden Freizeitreiter oft zu Wochenend- oder Gelegenheitsreitern. Am Samstag und Sonntag – oder gar nur einmal im Monat – soll dann alles zwischendurch Versäumte nachgeholt werden. Nun wäre das gar nicht so schlimm, würde man Pferdewahl, Fütterung und Rittplanung diesen Rahmenbedingungen anpassen. Gerade das schlechte Gewissen, wenig Zeit für die Tiere zu haben, verleitet jedoch manchen dazu, sein Pferd zwischen der Reitnutzung geradezu zu nudeln. Die Pferde sind dann übergewichtig und lustlos – oder extrem kernig und »gehfreudig« bis zum Durchgehen. Ihre Kondition ist allerdings schwach. Flotten Ausritten oder auch mehrstündigen Wanderritten am Wochenende sind sie nicht gewachsen. So manches am Sonntag überforderte Pferd braucht drei Wochentage, bis es seinen Muskelkater auskuriert hat. Zudem geben sich viele Reiter der Illusion hin, ein junges Pferd in ihrer knappen Zeit selbst ausbilden zu können. Auch das führt selten zu befriedigenden Ergebnissen. Junge Pferde brauchen kontinuierliche, leichte Arbeit in kurzen Arbeitsphasen. Stundenlanger »Blockunterricht« am Wochenende bringt nichts. Also: Nichts gegen Wochenendreiten, aber auf schlank gehaltenen, erwachsenen Pferden bei angemessener Beanspruchung. Wer am Wochenende viel reiten will, sorgt am besten für eine Reitbeteiligung, die das Pferd auch zwischendurch in Form hält.

Viel gemeinsame Zeit vertieft das Verständnis zwischen Mensch und Pferd

Bodenarbeit ist wichtig, aber auch hier gilt: Nie zu viel auf einmal!

FALLE 3: ZU VIEL DES GUTEN »Ich will alles richtig machen!« Ein löblicher Vorsatz, aber bei manchem Freizeitreiter führt er zu einem permanenten schlechten Gewissen. Die Industrie rund um den Reitsport hat diese chronisch Besorgten längst als Zielgruppe erkannt. Noch ein Zusatzfutter, ein Computerprogramm zur Errechnung des optimalen Nahrungsbedarfs, ein Spezialsattel, aber erst nach ausführlicher Analyse, ein Bodenarbeitskurs hier, ein Meditationskurs da. Viele Freizeitreiter verzetteln sich auf diese Weise und verlieren den Blick für das Wesentliche. In der Angst, ihr Pferd nicht richtig zu verstehen und zu Unrecht zu tadeln, erziehen sie es gar nicht mehr. In der Furcht, es falsch zu belasten, verzichten sie lieber aufs Reiten. Bevor sie Mangelerscheinungen riskieren, füttern sie ihr Pferd lieber fett. Die unweigerlich folgenden degenerativen Erkrankungen tun das Ihre, den Reiter in die Rolle des Krankenpflegers zu drängen. Auch für diese Reiter wäre es Zeit, aufzuwachen und sich die Grundbedürfnisse des Pferdes noch einmal vor Augen zu führen. Ein Pferd ist ein Geschöpf der Weite, kein Schoßtier. Wer es dazu degradiert, macht sich ebenso schuldig wie ein anderer, der es im Sport verheizt.

▶ Sportpferde als Frührentner

Während Freizeitpferde chronisch gelangweilt und überfüttert werden, leiden Hochleistungssportpferde oft an Überforderung. Wer gewinnen will, schert sich nicht um frühen Verschleiß oder wenig pferdegerechte Trainingsmethoden. Und wenn es ab und zu einen Skandal gibt, wie etwa den um das Barren von Springpferden, so sitzt die Sportpferdeszene das gelassen aus. Irgendwann ist es schließlich vergessen und das Publikum freut sich wieder mit an Titeln und Medaillen. Wer weiß schon, dass die durchschnittliche Lebenserwartung des Sportpferdes heute bei deutlich unter zehn Jahren liegt, während ein artgerecht gehaltenes und genutztes Tier bis über dreißig Jahre alt werden kann?

KINDERARBEIT Ein Grund für diese geringe Lebenserwartung ist zunächst eine zu frühe Nutzung

der Pferde. Rennpferde kommen traditionell schon mit einem Jahr unter den Sattel, manche Westerntrainer scheuen sich nicht, ihre Pferde mit spätestens zwei Jahren, in den USA oft schon mit 18 Monaten zu reiten. Warmblüter sieht man als Dreijährige bereits weit ausgebildet auf Eliteauktionen. Und selbst der körperlich spätreife Isländer, der traditionell erst mit fünf unter den Sattel kam, wird heute oft mit drei angeritten. All diese Pferde sind natürlich weder psychisch noch körperlich reif für ihre Arbeit. Auch dann nicht, wenn sie weit entwickelt wirken. In manchen Disziplinen wird hier übrigens mit Wachstumshormonen nachgeholfen. Zeit ist Geld. Das gilt auch für Pferdetrainer und »Meistermacher«. Die Methoden, mit denen sie junge Pferde zu schnellen Höchstleistungen bringen, differieren je nach Reitweise und Turnierdisziplin. Schmerzhaft und unfair sind jedoch alle. Die bekannteste ist dabei das Barren bei Springpferden: Während das Pferd korrekt über ein Hindernis setzt, heben zwei Männer die Stange hoch und schlagen sie ihm gegen die Vorderbeine. Beim nächsten Mal wird es höher springen. Abwandlungen dieser Methode, zum Beispiel das »Blistern« (Einreiben der Beine mit scharfen Mixturen), finden heute auch noch in anderen Reitsportdisziplinen Verwendung. Misshandlungen von Tieren, auch zwecks Pokal- und Titelgewinn, sind nicht tolerierbar. Gerade als Reiter sollten wir lernen, sie zu erkennen und anzuprangern. Von Pferdefreunden, die den Sport nur vom Fernsehen kennen, kann man das nicht erwarten. Pferde sind fast unendlich geduldig und tolerant, sie sind bereit, sich von uns reiten zu lassen und dabei ihr Bestes zu geben. Dafür schulden wir ihnen, den Missbrauch nicht schweigend hinzunehmen. Nicht jeder eignet sich zu lautem Protestieren oder Schreiben kritischer Artikel. Aber jeder kann seine Pferde von Trainern fern halten, die harte Methoden anwenden. Und jeder kann ein Turnier verlassen oder den Fernseher ausschalten.

Der Bewegungsapparat des Pferdes ist kompliziert und muss in seiner Leistungsfähigkeit durch sinnvolles Training erhalten werden

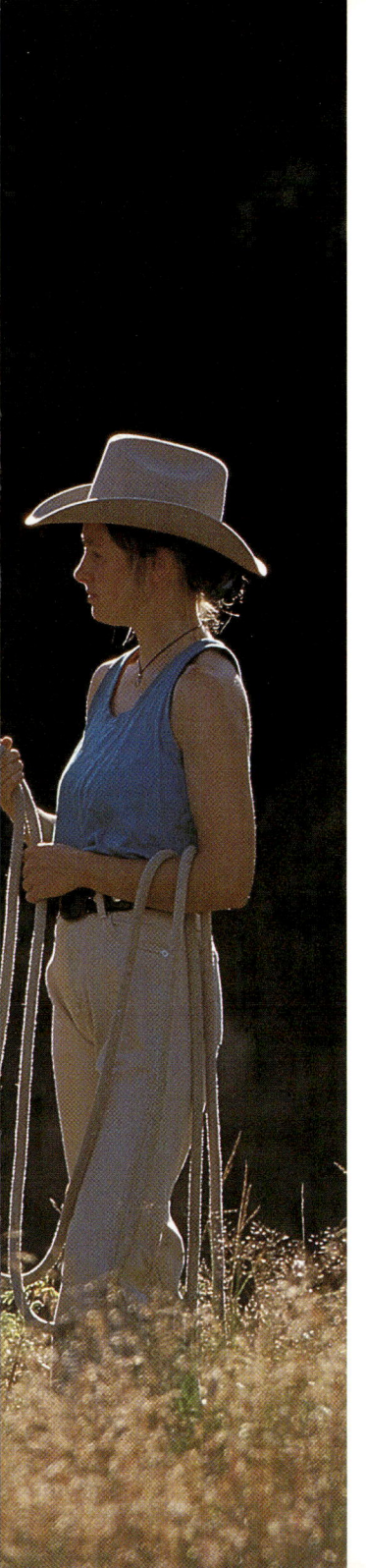

Mensch und *Pferd*

Im Reitsport spricht man gern vom »Partner Pferd«. Nicht immer zu Recht, wie wir gerade gesehen haben. Von Partnerschaft im Sinne von gemeinsamen Zielen und Anstrengungen war und ist der Umgang mit Pferden oft weit entfernt.

Trotzdem: Aus allen Epochen der Geschichte gibt es Legenden über Reiter und Pferde, die wirklich freundschaftlich zusammenarbeiteten. Und auch heute sind viele Pferde in Freizeit und Sport durchaus mit Freude dabei. Entscheidend ist dabei letztlich die Motivation. Wenn der Mensch es versteht, sein Pferd zu begeistern, wenn bei der Ausbildung viel mit Belohnung und Liebe statt mit Strafen und Geschrei gearbeitet wird, dann stehen die Chancen gut für eine wirklich harmonische Beziehung.

Der Mensch wird im Umgang mit seinem Pferd natürlich den Ton angeben. Er sollte sich jedoch als Steuermann sehen und nicht als Sklaventreiber. Als Dirigent, der den Takt angibt, und nicht als Dompteur, der seinen Bären auf heißen Kohlen tanzen lässt. In Einklang mit seinem Partner Pferd gelangt letztlich nur der Mensch, der das Tier verstehen gelernt hat.

Die Grundlagen der Partnerschaft

▶ Raubtier und Beutetier – kann das gut gehen?

Zwischen Menschen und Pferden bestehen grundlegende Unterschiede. Nicht nur, dass hier Jäger und Beutetier aufeinander stoßen, auch Größe und Körperbau sind gänzlich verschieden. Das macht die Kommunikation zwischen den Partnern nicht einfacher. Wie schon gesagt ist »körpersprachliche Kommunikation auf pferdisch« komplizierter, als diverse »Pferdeflüsterer« behaupten. Allerdings: Pferde sind nicht dumm, und sie sind ungemein entgegenkommend. Insofern können sie die Unterschiede zwischen sich und ihren menschlichen Partnern durchaus erkennen und das Ihre dazu tun, sie zu überwinden. Verständigung zwischen Mensch und Pferd klappt nämlich nur, wenn beide Teile auf-

einander zugehen. Ausgehend von der Körpersprache der Pferde ist im Laufe der Jahrhunderte längst eine gemeinsame »Kunstsprache« für Mensch und Pferd entwickelt worden, die fast reibungslose Kommunikation ermöglicht. Beim Thema »Reiten« werden wir darauf noch zurückkommen.

Zunächst wollen wir uns der Verständigung jedoch vom Boden aus nähern. Viele Dinge, die uns selbstverständlich scheinen, so zum Beispiel Führen und Anbinden des Pferdes, stellen sich aus der Sicht des Vierbeiners ganz anders dar. Als Fluchttier bedeutet beispielsweise das Anbinden zuerst einmal einen ganz erheblichen Eingriff in das natürliche Instinktverhalten des Pferdes. Das unangenehme Gefühl kann sich bis zur Panik hochschaukeln, oft in Sekundenschnelle. Wer das weiß, kann besser damit umgehen. Und dann ist da natürlich noch die Sache mit der Rangordnung, die täglich Missverständnisse verursacht.

Richtiges Führen: Hier achten Pferd und Mensch aufeinander

► Wer ist der Chef?

Das Schlagwort »moderner« Pferdeausbildung ist »Dominanz«. Besonders die Vertreter körpersprachlicher Ausbildungsmethoden führen die meisten Probleme zwischen Mensch und Pferd auf ein falsches »Dominanzverhältnis« zurück.

Ganz Unrecht haben sie damit nicht. Wenn wir bei der Arbeit mit unserem Vierbeiner von einer »pferdischen Betrachtungsweise« ausgehen wollen, so müssen wir uns tatsächlich als Teil einer Miniherde sehen. Zwischen Mensch und Pferd besteht eine Zweierbeziehung, und dabei muss einer den Ton angeben. Dies darf – bei aller Liebe – nicht das Pferd sein. Einmal, weil wir dann kaum zu längeren gemeinsamen Ausritten kämen, mal ganz abgesehen von Schmied- oder Tierarztbesuchen. Vor allem aber deshalb, weil das Tier dieser Führungsrolle nicht gewachsen wäre. Wir leben schließlich nicht mehr in der Steppe, sondern in einer straßendurchzogenen und hubschrauberüberflogenen Welt. Reagierte das Pferd hier seinen Instinkten gemäß, würde es für Mensch und Tier gefährlich.

Üben einer beengten Situation: Im Ernstfall darf das Pferd den Menschen nicht über den Haufen rennen

Auch eine »gleichberechtigte Beziehung« zwischen Mensch und Pferd, wie sie neuere Veröffentlichungen fordern, ist nicht ungefährlich. Für Pferde ist Rangordnung nun einmal Bestandteil ihres Lebens – nur unter ganz jungen Pferden finden kaum Auseinandersetzungen statt. Man kann also nie wissen, ob dem Vierbeiner nicht plötzlich einfällt, den Zweibeiner herauszufordern. Das »gleichberechtigte, spielerische Miteinander« wird dann sehr schnell ernst. Auf dem Reitplatz kann ein versierter Ausbilder damit fertig werden. Im Straßenverkehr könnte es zur Katastrophe führen.

DIE ZWEITE REIHE Schon im Kapitel über Rangordnung wurde erwähnt, dass Pferde auf einem niedrigeren Platz der Rangordnung gar nicht so unglücklich sind. Wenn sie den Chef als solchen respektieren, stehen sie gern in der sichereren zweiten Reihe. Diesen Respekt muss der Mensch sich aber erst verdienen: Durch sicheres Auftreten, wenn das Pferd aufmuckt, aber auch durch gelassenen Umgang mit Problemsituationen. Letzteres wird gern vergessen – und prompt kommt es zu Missverständnissen: Da hat der Reiter dem Pferd im Roundpen körpersprachlich klargemacht, dass er der Chef ist. Aber wenn er es dann an einem Trecker vorbeiführen soll, kriegt er Herzklopfen. Solche Verhaltensweisen können Pferde nicht verstehen. Wenn sie diesem Chef gehorchen, so nur, weil er mit Gewaltanwendung droht – die diversen »Dominanzsignale« sind letztlich nichts anderes. Sobald die Lage aber wirklich kritisch wird, ergreifen zumindest starke Pferde von sich aus die Initiative, z. B. indem sie sich und ihren zaudernden Reiter durch Flucht in Sicherheit bringen. Richtiges Dominanzverhalten kann man nicht durch Bücher oder Kurse lernen. Es ist ein Zusammenspiel von Technik und Pferdeverstand, aber auch Persönlichkeit, Selbstsicherheit und Auftreten.

Begegnet das Pferd im Gelände solchen Planen, wird es sich so leicht nicht mehr erschrecken

► Einfangen auf der Weide und in der Box

»Geh ja nicht von hinten an ein Pferd!« Diese Weisung bekommt jedes Kind von seinen Eltern, wenn es sich Pferden zum ersten Mal nähert. In früheren Kapiteln wurde bereits erläutert, warum das durchaus seinen Sinn hat. Erstens liegt direkt hinter dem Pferd die »tote Zone«, in der es den Ankömmling nicht sieht, zweitens wirkt Annähern von hinten treibend. Das Pferd könnte

Man nähert sich dem Pferd von der Seite

Ein Helfer sorgt für das Öffnen des Gatters

weglaufen, statt sich einfangen zu lassen. Bei einem sehr furchtsamen Pferd ohne Raum zum Flüchten besteht zudem die Gefahr eines Ausschlagens.

Besonders wenn ein Pferd in der Box steht, sollte man es deshalb ansprechen, bevor man eintritt. Fast immer dreht es sich daraufhin um, und man kann ihm das Halfter anlegen.

AUF DER WEIDE Beim Weidepferd sieht die Sache etwas anders aus. Hier hat das Pferd gute Chancen, sich dem Zugriff des Menschen zu entziehen. Nun ist das eher die Ausnahme als die Regel. Viele Pferde kommen auf Zuruf freudig auf ihren Menschen zu. Die große Mehrheit zeigt sich zwar nicht so begeistert von der nahen Reitstunde, lässt sich aber willig aufhalftern, wenn der Mensch sie abholt. In diesem Fall nähert man sich dem Pferd »höflich« von vorn seitwärts. Man spricht es freundlich an und geht auf seine Schulter zu. Eventuell streichelt oder krault man es, bevor man ihm das Halfter anlegt. Auch ein Begrüßungsleckerbissen ist angebracht, sofern man mit dem Pferd allein ist.

Steht es in einer Gruppe, ruft man Futterneid hervor, wenn man ein Pferd verwöhnt und die anderen nicht. Dann findet man sich schnell umgeben von einer Herde gieriger Mäuler, und womöglich jagt ein ranghohes Tier das eigene Pferd weg, bevor man noch dazu kommt, es aufzuhalftern.

AUFHALFTERN Pferde neigen zu Schreckreaktionen, es ist also nicht angebracht, mit dem Halfter vor ihrem Gesicht he-

Das Pferd sollte geduldig warten können ...

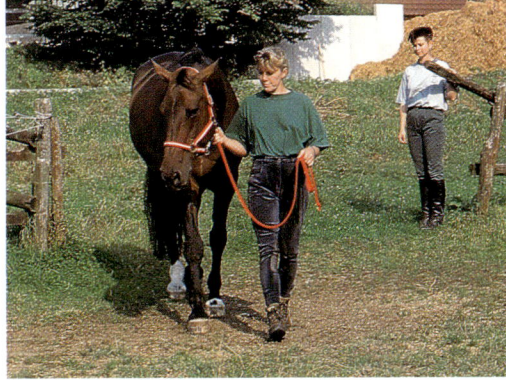

... bis das Gatter ganz geöffnet und der Durchgang frei ist

rumzuwedeln. Am besten ordnet man das Halfter, bevor man auf die Weide geht, damit es dann schon griffbereit in der Hand liegt. Nachdem man sich dem Pferd seitlich genähert hat und damit an seiner Schulter bzw. in Halshöhe steht, wendet man sich in Blickrichtung des Pferdes und umfasst seine Nase mit der rechten Hand. Das Pferd fühlt sich dann bereits eingefangen und man kann ihm in Ruhe mit der linken Hand den Nasenriemen umlegen. Nur wenige Pferde sperren sich jetzt noch, während man ihnen das Nackenstück über die Ohren zieht und dann das Halfter schließt. Ab und zu gerät man allerdings an ein Pferd, das Berührungen der Ohren nicht duldet. Meist liegt das daran, dass es von einem unsensiblen Vorbesitzer im Kopfbereich geschlagen wurde. Mit viel Geduld lässt sich das abbauen. Anfänglich verwendet man aber besser ein Halfter, das man anlegen kann, ohne die Ohren zu berühren.

PROBLEME Gelegentlich gibt es Pferde, die sich auf der Weide nicht oder nur ungern einfangen lassen. Sie haben fast

► Dr. med. vet.
Barbara Schöning

**Umgang mit
ängstlichen Pferden**
Wenn Reitpferde sich
auf der Weide nicht
fangen lassen, liegt
dem niemals schlichte
»Arbeitsscheu« zu-
Grunde. Das wäre auch
unlogisch, denn die
hektische Flucht vor
dem Menschen fordert
ja meist mehr Energie
als die Reitstunde. Tat-
sächlich sind es meist
verängstigte Tiere, die
unter dem Sattel oft
zum Durchgehen nei-
gen. Auf keinen Fall
eignen sie sich für Kin-
der oder Anfänger.

Auch wenn Sie das
Pferd auf die Weide
lassen, ist ein Helfer
nützlich, der gleich
hinter Ihnen das Gat-
ter wieder schließt

immer gute Gründe, die Zusammenarbeit mit dem Menschen zu scheuen. Meist fürchten sie sich vor dem Reiten, weil sie die Bedeutung der Hilfen nie richtig begriffen haben und ihr Reiter sie hart behandelt. Manchmal verursacht ihnen auch das Sattelzeug ständige Schmerzen, oder die Arbeit ist einfach zu eintönig und langweilig. Pferde mit letzterem Problem entziehen sich meist nicht lange. Nach ein paar Runden auf der Weide, bei denen sie es merklich genießen, ihren Menschen zu ärgern, bleiben sie stehen und lassen sich fangen. Ängstliche Pferde sind da eine härtere Nuss. Im Grunde muss man erst herausfinden, warum sie denn so gar keine Lust auf die Zusammenarbeit mit dem Menschen haben. Dann kann man eine gezielte »Therapie« beginnen. Versucht man dagegen nur jeden Tag, ihrer mit irgendwelchen Tricks habhaft zu werden, und reitet dann wie gewohnt, ist nichts gewonnen.

Um ein scheues Pferd einzufangen, empfiehlt es sich, zunächst alle anderen Pferde aufzuhalftern und in einer Reihe am Weidezaun anzubinden. Das ängstliche Pferd schlüpft dann meist rasch neben seinen besten Freund und lässt sich dort greifen. Oder man wendet Henry Blakes unfehlbare, aber endlose Geduld erfordernde Methode an. Dazu folgt man dem Pferd so lange über die Wiese, bis der Vierbeiner genug hat und sich greifen lässt. Das kann schon mal zehn Stunden dauern. Und danach winkt nicht etwa ein entspannter Ausritt, sondern eine Neuauflage: Man lässt das Pferd sofort wieder laufen und beginnt die Sache von vorn.

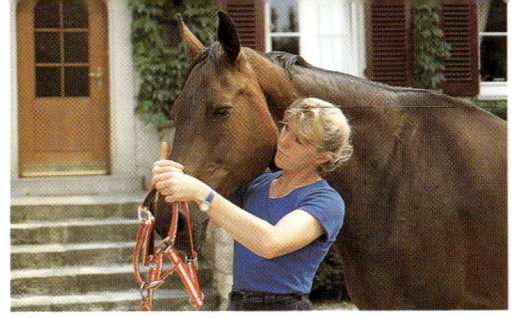

Auch das Aufhalftern geschieht so, dass das Pferd es gerne duldet:

Vorsichtig streifen Sie die Riemen über die Nase und bleiben dabei immer seitlich am Pferdekopf stehen. So kann Sie das Pferd nicht umrennen, falls es sich erschrecken sollte

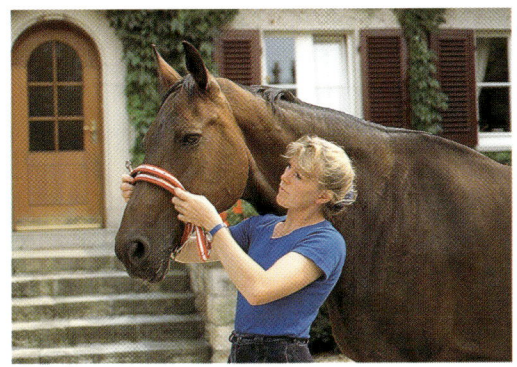

Vorsicht, die Ohren sind empfindlich! Zügig streifen Sie das Nackenteil über beide Ohren, passen dabei aber auf, dass die Ohren nicht unnatürlich abgeknickt werden

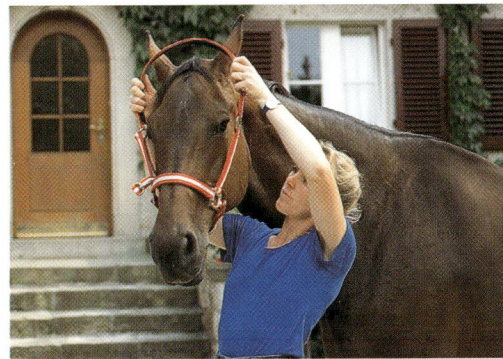

Jetzt können Sie das Halfter verschließen. Das individuell angepasste Halfter wird das Pferd schon nach kurzer Zeit gern an seinem Kopf akzeptieren

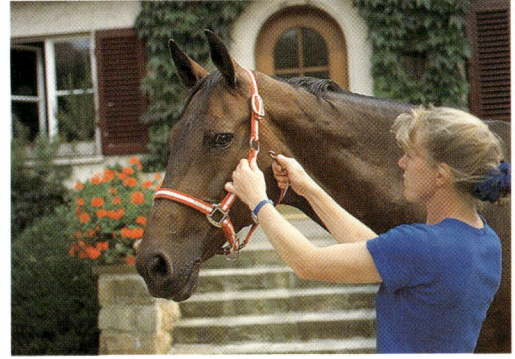

▶ Richtig führen und anbinden

Gewöhnlich lassen wir ein Pferd beim Führen neben uns herge-
hen. Für uns Menschen eine Selbstverständlichkeit, sind wir es
doch gewohnt, entspannt neben einem Freund oder Gesprächs-
partner herzugehen. Für ein Pferd ist die Sache nicht so klar. In
Freiheit gehen Pferde nämlich fast nie nebeneinander, in der Regel bewegen sie sich eher im »Gänsemarsch«. Aufschließen wird,
wie schon aus früheren Kapiteln hervorging, als feindliche Handlung gewertet. Um sich korrekt führen zu lassen, muss das Pferd
also lernen, furchtlos neben uns zu gehen, uns andererseits aber
nicht zu überholen.

FÜHRTECHNIK Die meisten Pferde, mit denen man als
Anfänger umgeht, haben das natürlich schon verinnerlicht. Man
führt sie, indem man den Führstrick etwa eine Handbreit unter
dem Pferdekinn mit der rechten Hand umfasst. Das Strickende
liegt in Schlaufen in der linken. Ein Knoten am Ende des Stricks

Ein Pferd muss sich
überall sicher führern
lassen

Die Führkette

Bei jungen, unsensiblen oder wehrigen Pferden wird zum Führtraining oft eine Kette über die Pferdenase gelegt. Sofern der Ausbilder den Umgang damit versteht und seine zusätzliche Kraft nicht missbraucht, ist das eine nützliche Hilfe. Stürmt das Pferd vorwärts, ermahnt man es zuerst mit der Stimme, dann schiebt man die Gerte vor die Nase des Pferdes. Hilft auch diese Methode nicht weiter, gibt man beim nächsten Mal mit der Führkette einen kurzen Ruck auf die Nase. Es muss sofort wieder losgelassen werden, damit dem Pferd nicht die Möglichkeit gegeben wird, den Hals zu versteifen und gegen den Druck der Führkette anzurennen. Meist genügen ein oder zwei Kettenrucke auf die Nase und das Pferd hat begriffen, dass es nicht überholen darf. Als Erinnerung daran genügt dann ein leises Klingeln an der Kette.
Bei bestimmten Techniken der Bodenarbeit wird die Führkette grundsätzlich eingeschnallt, um feinere Hilfen geben zu können als mit dem dicken und recht unpräzise wirkenden Stallhalfter.

verhindert, dass er einem beim Verlängern der Leine aus der Hand rutscht. Selbstverständlich schlingt man sich den Führstrick nie um die Hand. Wenn das Pferd doch mal vorstürmt, kann es sonst zu Verletzungen kommen. Geht das Pferd nicht bereitwillig am leicht durchhängenden Strick mit, sondern lässt sich ziehen, so braucht man eine Gerte. Durch aufmunterndes Antippen an der Flanke bringt man das Pferd in die richtige Position. Auch wenn das Pferd zum Vorstürmen neigt, ist eine Gerte sinnvoll. Man schiebt den linken Arm mit der Gerte dann energisch Richtung Pferdenase und schafft so eine Art »Barriere«. Das Pferd versteht diese Hilfe sehr gut, entspricht sie doch dem Vorschießen von Pferdekopf und Hals, wenn ein ranghöheres Pferd einen frechen Überholversuch abwehrt.

**Entspannung durch
Nackenmassage**

Viele Anbindeprobleme
ergeben sich daraus,
dass ein Pferd auf
Druck im Nacken pa-
nisch reagiert. Es reißt
dann erschrocken den
Kopf hoch und zieht
rückwärts, um sich zu
befreien. Man kann
dem abhelfen, indem
man dem Pferd bei-
bringt, sich bei sanfter
Nackenmassage zu
entspannen und auf
leichten Druck den
Kopf zu senken. Aller-
dings dauert es lange,
bis der Teufelskreis
»Anbinden – Nacken-
druck – Panik« durch-
brochen ist.

Anbinden – für viele Pferde ein Problem

Dem Fluchttier Pferd gilt es grundsätzlich als gefährliche Sache, irgendwo fixiert zu sein. Insofern ist es ein großer Vertrauensbeweis, wenn unsere Pferde sich problemlos anbinden lassen. Sie gehen dann davon aus, dass ihnen unter dem Schutz ihres Menschen nichts passieren kann. Wir sollten uns dieser Verantwortung bewusst sein und sie möglichst nur an Stellen anbinden, an denen nichts sie ängstigen oder erschrecken kann. Allerdings: Auch das ruhigste Pferd kann in unerwarteten Situationen in Panik geraten. Insofern ist gerade beim Anbinden einiges für die Sicherheit zu beachten.

GRUNDLAGEN So paradox es klingt: Um ein Pferd sicher anzubinden, braucht es einerseits einen enorm festen Anbindeplatz, andererseits aber ausreichend »Sollbruchstellen« im Bereich des Halfters und Anbindestricks. Fixiert man ein Pferd nämlich so »sicher«, dass es unter keinen Umständen freikommen kann, wird es bei möglichen Panikanfällen kämpfen, bis es hinfällt und sich unter Umständen schwer verletzt.

ANBINDEPLÄTZE Bei der Auswahl des Anbinders gilt zunächst zu beachten, dass sich hier nichts bewegt, wenn das Pferd einmal rückwärts zerrt. Frei stehende Pferdehänger, Stangen oder Balken, die sich in diesem Fall gelöst und das Pferd zusätzlich erschreckt haben, führten schon häufig zu schweren Unfällen.

▶ **Sicherheitsknoten**

Dieser einfache Knoten lässt sich mit einem Ruck am Strickende lösen. Die Anleitung zeigt, wie man ihn richtig knüpft.

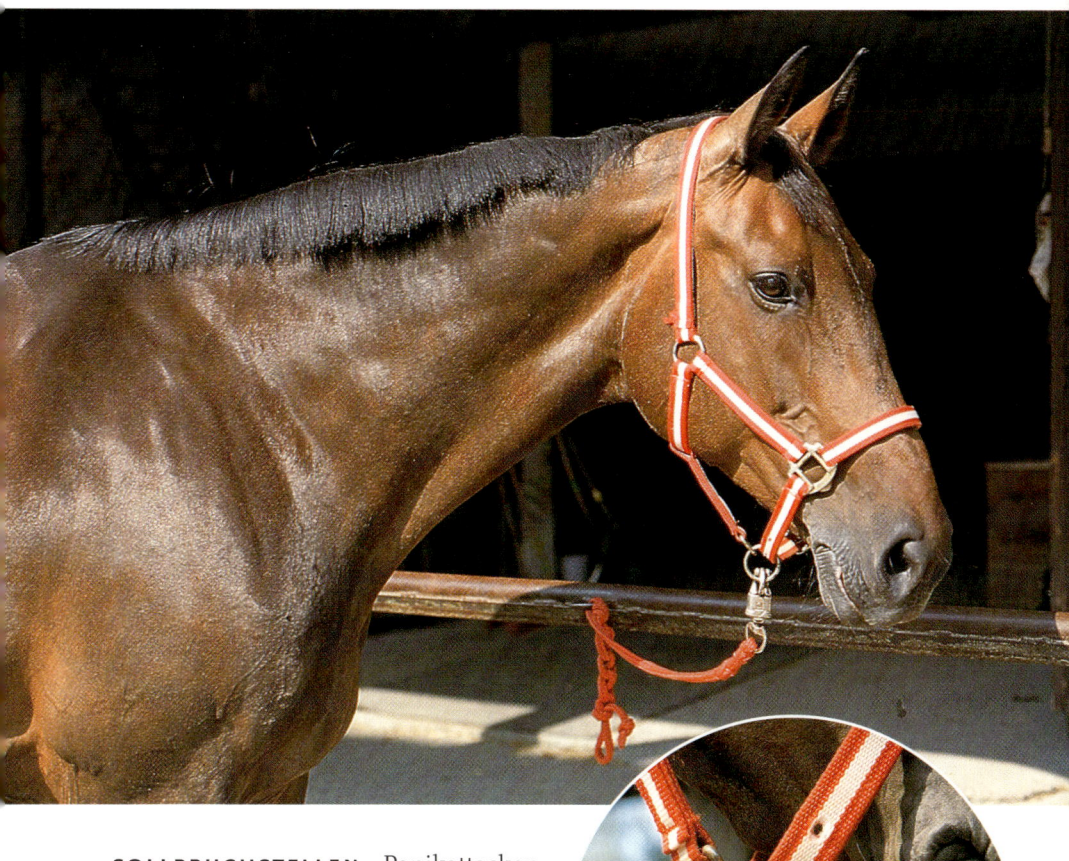

SOLLBRUCHSTELLEN Panikattacken am Anbinder lösen sich erst, wenn das Pferd wieder frei ist. Schnelle Befreiung gewährleistet hier ein Panikhaken am Anbindestrick, der sich von selbst öffnet, wenn das Pferd ernsthaft zerrt. Außerdem bindet man Pferde grundsätzlich mit einem Sicherheitsknoten an, der sich ruckartig sofort lösen lässt, wenn es nötig ist. Als nützlichen Nebeneffekt zieht er sich nicht zu, wenn das Pferd daran zieht. Man kann ihn also jederzeit leicht entfernen. Neigt ein Pferd sehr zum Scheuen am Anbinder, so kann eine zusätzliche »Sollbruchstelle« durch ein Strohbändchen zwischen Halfter und Anbindestrick geschaffen werden.

Ein Panikhaken löst sich von selbst, wenn das Pferd heftig daran zieht

Kardätsche

Hufbürsten

Hufauskratzer

▶ **Putzen – ein Genuss**

Eine genüssliche Putz- und Kraulstunde mit dem Menschen bereitet dem Pferd ebenso viel Vergnügen wie soziale Fellpflege mit einem Artgenossen. Unter Umständen sogar noch mehr, denn menschliche Hände und Putzwerkzeuge können viel effektiver pflegen als die Zähne des vierbeinigen Freundes. Insofern lohnt es sich, jede Reitstunde mit intensivem Putzen einzuleiten. Das versüßt dem Pferd die Arbeit und lockert seine Muskulatur vor dem Reiten.

PUTZZEUG Im Allgemeinen putzt man ein Pferd, indem man sein Fell zunächst von Kopf bis Schweif mit einem Striegel durchrubbelt und anschließend glatt bürstet. Danach werden Mähne und Schweif gekämmt bzw. verlesen und die Hufe ausgekratzt. Schon bei der Auswahl des Striegels gilt es jedoch, auf individuelle Bedürfnisse einzugehen. Manche Pferde lieben die kräftige Massage mit einem harten Eisenstriegel. Andere ziehen Gummistriegel verschiedener Form vor oder zeigen sich so sensibel, dass man am besten nur ein Kaktustuch einsetzt. Das Gleiche gilt

Putzen ist mehr als
Fellpflege: Hier ent-
steht eine Beziehung

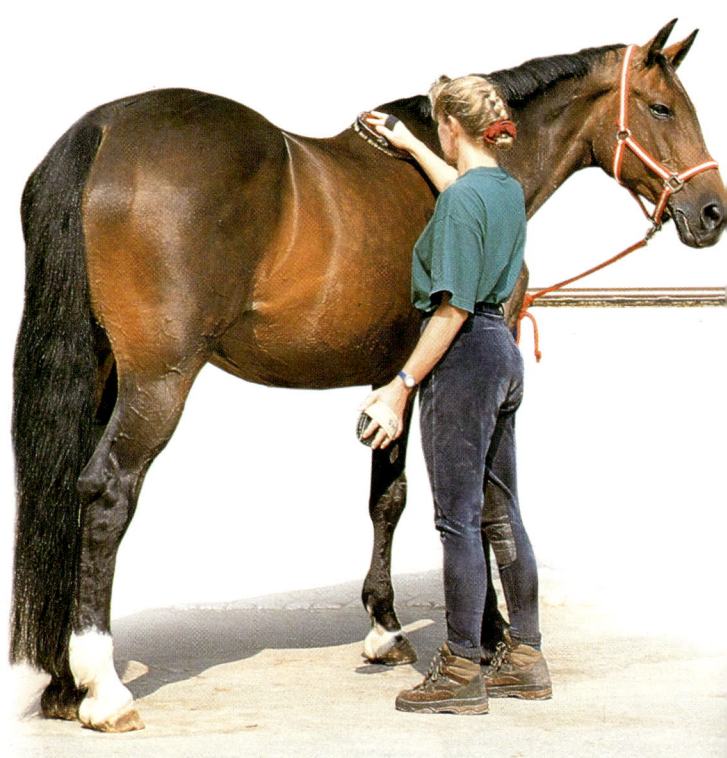

Vollbad gefällig? – Waschen und Abspritzen

Eine Dusche nach dem Reiten oder eine gründliche Reinigung vor dem Turnier – jedes Pferd sollte sich gelassen waschen und abspritzen lassen. Teilweise genießen die Vierbeiner diese Behandlung, teilweise wehren sie sich aber auch heftig dagegen. Man kann sie daran gewöhnen, indem man sie zunächst mit dem Schlauch vertraut macht. Erst dann beginnt man das Abspritzen an einem Vorderhuf, wobei man mit wenig Wasserdruck und schwachem Strahl arbeitet. Wenn das Pferd sein »Vorderteil« gelassen behandeln lässt, geht man auch zur Hinterhand über. Beim Waschen und Einshamponieren hat es sich bewährt, das Einschäumen mit einem Schwamm

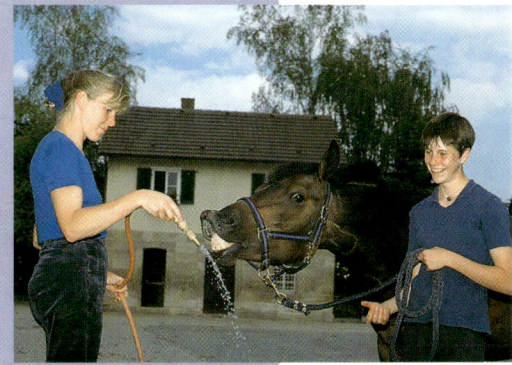

und warmem Wasser vorzunehmen. Ansonsten fängt das Pferd schnell an zu frieren. Nur am Schluss wird mit kühlem Schlauchwasser nachgespült.

für das anschließende Bürsten. Auch hier gibt es Vorlieben für härtere oder weichere Bürsten. Was das eigene Pferd schätzt, ist leicht zu erkennen: Entzieht es sich der Reinigung, hampelt hin und her, beißt in Richtung Pfleger oder verspannt die Muskulatur, so mag es die Behandlung nicht. Steht es dagegen still, schiebt die Oberlippe genüsslich vor, macht Anstalten, den Pfleger seinerseits zu kraulen und weist ihn auf juckende Stellen hin, indem es sie ihm zuschiebt, genießt es das Putzen.

Massagebürsten

Mähnenkämme

▶ Mit Sattel und Trense

Wir kennen die Sache aus Westernfilmen: Nachdem sich das treue Pferd für John Wayne und Co. zu Tode gerannt hat, schultert der Cowboy seinen Sattel und macht sich auf, ein neues zu finden. Das buckelt dann im Allgemeinen nicht schlecht, wenn der Held sich auf seinen Rücken schwingt. Ein »Dominanzproblem«? Mitnichten. Ein aufgeklärter Pferdemensch würde sich hier eher fragen, ob dem Tier vielleicht der Sattel nicht passt.

MASSANZUG Jedes Pferd hat eine andere Rückenform, genau wie wir unterschiedliche Schuhgrößen tragen. Ist der Sattel dem Rücken des Tieres nicht angepasst, kommt es im Extremfall zu wunden Stellen, dem so genannten Satteldruck. Manchmal zeigt sich der Schmerz allerdings nicht so deutlich. Dann kommt es »nur« zu Muskelverspannungen und Vermeidungshaltungen. Das Pferd läuft steif und unwillig oder es wehrt sich gegen Sattel und Reiter, indem es bockt oder durchgeht. Häufiges Zeichen für einen nicht passenden Sattel – oder frühere schlechte Erfahrungen mit falschem Sattelzeug – ist auch der so genannte »Sattel-

---

▶ Checkliste: Passt der Sattel?

- ☐ Entspricht die Kammerweite der Pferdeschulter? Sie sollten eine Hand zwischen Pferd und Sattel schieben können.

- ☐ Zwischen Widerrist und Sattel sollten mindestens zwei, besser drei Finger passen.

- ☐ Zwischen Sattel und Wirbelsäule des Pferdes muss ausreichend Raum sein. Der Sattel darf nicht auf dem Rückgrat aufliegen.

- ☐ Die Polsterflächen des Sattels sollten gleichmäßig über die gesamte Länge aufliegen. Drückt die Polsterkante ein oder stoßen sich die Kanten des Westernsattels am Becken des Pferdes, passt der Sattel nicht.

- ☐ Die Sattellage sollte nach dem Reiten gleichmäßig verschwitzt sein. Ist sie nass mit einzelnen trockenen Zonen, so drückt der Sattel.

zwang«. Dabei kämpft das Pferd gegen Satteln und Aufsteigen des Reiters. Es beißt nach dem Sattel, versucht, sich klein zu machen und den Rücken »einzuziehen«, um dem Satteln und Angurten zu entgehen, und wirft sich im Extremfall sogar hin. Ein solches Pferd zu strafen ist unsinnig. Stattdessen gilt es herauszufinden, ob der aktuelle Sattel drückt, und ihn im Zweifelsfall auszutauschen. Dabei empfiehlt sich der Wechsel auf einen Sattel mit großer Auflagefläche wie etwa einen Westernsattel oder Trachtensattel. Der verteilt das Gewicht des Reiters besser auf dem Pferderücken und zeigt sich damit angenehmer für das empfindliche Tier.

SATTELN Vernünftige Ausbilder gewöhnen das Pferd schon lange vor dem ersten Aufsitzen an den Sattel. Das Pferd trägt seinen Sattel dann zunächst beim Longieren und auf Spaziergängen. Es soll sich in Ruhe mit dem neuen Ausrüstungsgegenstand – einschließlich schlackernder Steigbügel und eventueller Zusatzausrüstung wie Schweifriemen – vertraut machen, bevor der Reiter aufsteigt.

Dressursattel

Vielseitig-keitssattel

Zum Satteln stellt sich der Reiter an die linke Seite des Pferdes und legt den Sattel mit der Satteldecke weit vorn auf. Die Decke muss tief in die Sattelkammer hineingezogen werden. Man nennt das »Auskammern«, und es dient dazu, den empfindlichen Widerrist des Pferdes druckfrei zu halten. Sattel und Decke werden dazu gemeinsam angehoben und die Decke in die Kammer hochgedrückt. In einer fließenden Bewegung schiebt man dann beides nach hinten in die richtige Position auf dem Pferderücken.

...htig den Gurt anziehen

...andbreit bleibt zwischen Ellenbogen und Gurt

Der Sattel liegt richtig, wenn er die Bewegung der Schulter nicht beeinträchtigt, aber andererseits auch nicht auf die Nieren des Pferdes drückt. Faustregel ist, dass zwischen Sattelgurt und Pferdevorderbein eine Handbreit Platz sein muss. Beim Angurten bleibt beim englischen Sattel der mittlere Sattelstrupfen als Reserveriemen frei. Westernsättel erfordern oft einen Krawattenknoten, um den Gurt korrekt zu schließen. Besonders bei jungen Pferden sollte der Sattelgurt nie sofort sehr fest angezogen werden. Das Pferd könnte sich sonst erschrecken und ängstigen. Besser gurtet man vor dem Aufsitzen oder nach den ersten Minuten im Sattel noch einmal nach.

Richtig aufzäumen

Wie praktisch alle Tätigkeiten am Pferd geschieht das Aufzäumen von links. Man legt dem Pferd dazu zunächst die Zügel um den Hals. Dann ordnet man das Kopfstück in der rechten Hand. Man fasst es etwa in der Mitte der Backenstücke und trennt das rechte und das linke Backenstück durch den Zeigefinger. Die linke Hand liegt unter dem Gebiss, die rechte mit dem Zaumzeug umfasst die Pferdenase. Damit hält sie den Pferdekopf unten und verhindert ein Ausweichen des Pferdes. Die rechte Hand zieht dann das Kopfstück über die Ohren, während die Linke das Gebiss ins Pferdemaul schiebt. Öffnet das Pferd das Maul nicht bereitwillig, knallt man ihm die Trense möglichst nicht mit Gewalt gegen die Vorderzähne, sondern schiebt den eigenen Daumen sanft ins Pferdemaul und drückt damit auf die Laden. Daraufhin nehmen fast alle Pferde die Trense. Nun wird die Mähne so geordnet, dass sie über das Stirnband fällt und von Stirnband und Nackenstück nicht eingeklemmt wird. Zuletzt schließt man die Schnallen, meist eine am Kehlriemen und eine am Nasenriemen.

So sitzt das Reithalfter richtig

Prüfen Sie nach, ob:

☐ das Gebiss nicht zu eng ist und in den Maulwinkeln klemmt.

☐ das Gebiss nicht zu groß ist und somit zu viel Spiel im Maul hat. Das ist besonders bei Trensenzäumungen wichtig, Stangen können ruhig etwas länger sein, ohne das Pferd zu beeinträchtigen.

☐ die Trense nicht zu hoch oder zu niedrig verschnallt ist. Sie darf nicht gegen die Hengstzähne schlagen. Im Maulwinkel darf eine Falte zu sehen sein, nicht mehr, nicht weniger.

☐ die Backenstücke nicht zu nah am Auge liegen. Das kommt besonders bei Ponys mit breiten Stirnen vor. Sie brauchen mitunter ein breiteres Stirnband. Oder man lässt das Stirnband ganz weg.

☐ das Reithalfter mindestens vier Finger oberhalb des oberen Nüsternrandes aufliegt.

ZÄUMUNG Auch wenn sich ein Pferd gegen das Anlegen der Trense wehrt, hat es dafür meist seine Gründe. Manchmal haben Pferde schlechte Erfahrungen gemacht. Ein ungeschickter Reiter hat ihnen vielleicht das harte Gebiss an die Zähne geschlagen, anstatt vorsichtig das Maul zu öffnen.

Das Gebiss muss die richtige Größe haben und dem Ausbildungsstand von Pferd und Reiter angepasst sein. Stangengebisse eignen sich zum Beispiel nur für fortgeschrittene Paare. In der Hand eines ungeschickten Reiters sind sie keine Hilfe für das Pferd, sondern eine Qual. Kein Wunder, wenn es das Maul dann nicht zum Aufzäumen öffnen will. Das Lederzeug muss richtig sitzen und darf das Pferd weder im Ohrbereich noch im Maulbereich einengen. Auch die Wahl des Reithalfters, also des Nasenriemens an der Zäumung, muss mit Umsicht geschehen. Das so genannte Hannoversche Reithalfter, das unterhalb der Trensenringe verschnallt wird, ist abzulehnen, weil es die Atmung des Pferdes behindern kann.

▶ Zeigt her eure Hufe

Schmied und Tierarzt – für uns nützliche Helfer zur Gesunderhaltung der Pferde, für das Pferd jedoch nur Fremde, die unangenehme Sachen mit ihm anstellen. Relativ viele Pferde haben deshalb Angst vor Routinebehandlungen rund um Hufe und Gesundheit. Wir sollten ihnen dabei mit Geduld begegnen. Insbesondere beim Schmiedbesuch kommt es aber auch auf konsequente Gewöhnung an die Situation an. Es darf nicht sein, dass jeder Beschlag in eine Angstpartie für Pferd und Reiter ausartet. Auch für den Schmied ist das bestenfalls lästig, schlimmstenfalls gefährlich. Verständlich, dass er die Geduld verliert, wenn ein Pferd ständig versucht, nach ihm zu schlagen.

GEDULDSSPIEL Beim Schmied muss das Pferd lange ruhig stehen. Besonders jungen und temperamentvollen Tieren fällt das oft schwer. Man

Der Vorderhuf wird abgerundet

kann ihre Langmut schulen, indem man sie auch im Alltag mitunter für längere Zeit anbindet. Ein etwas furchtsames Pferd steht ruhiger, wenn ein gelassener Artgenosse es zum Schmied begleitet . Durch Zusehen beim Beschlag anderer, ruhiger Pferde kann es sich an die fremden Gerüche und Geräusche gewöhnen – gleichzeitig nimmt dies die Furcht und trainiert die Geduld.

QUALM UND LÄRM Beim Schmied qualmt, hämmert und zischt es. Vielen Pferden machen allein diese Geräusche Angst. Auch daran kann das Pferd gewöhnt werden, indem man es beim Beschlagen anderer Pferde zusehen lässt. Geländegewohnte Pferde, die auch beim Anblick von Autos und Baustellen nicht gleich in Panik geraten, bleiben hier meist ruhiger als reine Reithallenpferde.

HUFE GEBEN Wenn sich ein Pferd noch nicht bereitwillig die Hufe auskratzen lässt, wird es erst recht keine Schmiedbe-

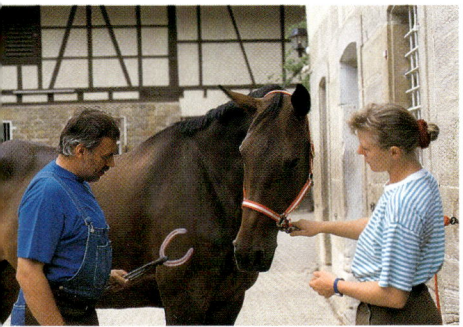

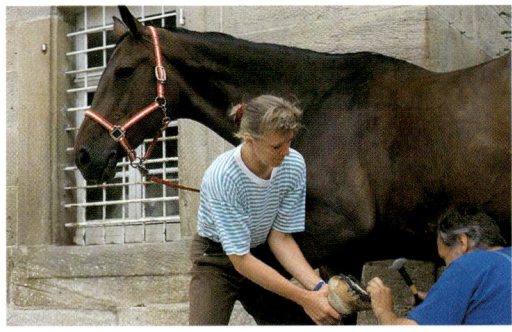

Zunächst wird das heiße Eisen angepaßt

Das Annageln des Eisens geschieht schnell und schmerzlos

handlung dulden. Für junge und alte Pferde ist es körperlich auch belastend, die Hufe sehr lange hochzuhalten. Spätestens wenn man Muskelzittern beobachtet, sollte man dem Pferd deshalb eine Pause gönnen. Beginnt das Pferd erst nach einiger Zeit zu zappeln, so lohnt sich der Test, ob es vielleicht strahlen muss. Volle Blase steht nicht gern, und auf der glatten, harten Fläche, auf der Beschlag meist stattfindet, mögen sich viele Pferde nicht erleichtern. Führt man sie kurz in eine Box oder auf Sandboden, strahlen sie meist umgehend und stehen dann auch wieder ruhig.

EIGENHEITEN Viele Pferde haben persönliche Eigenheiten und Abneigungen rund um den Beschlag. Das eine mag das Hämmern auf der Hufvorderseite beim Versenken der Nägel nicht, das Nächste geht nicht gern auf den Bock. Man kann sich viel Ärger ersparen, indem man den Schmied bittet, darauf Rücksicht zu nehmen. Das kann zwar etwas Mehrarbeit erfordern, geht aber immer noch schneller als der Kampf mit dem zappelnden, wehrigen Pferd.

Das Auge wird auf eine Verletzung untersucht

► **Wenn der Tierarzt kommt**

Es gibt Pferde, die ihren Tierarzt kennen und ihm vertrauen, andere fürchten sich dagegen zu Tode, sobald sie ihn kommen hören. Mitunter hat das mit seiner Persönlichkeit zu tun. Selbstsichere Tierärzte mit

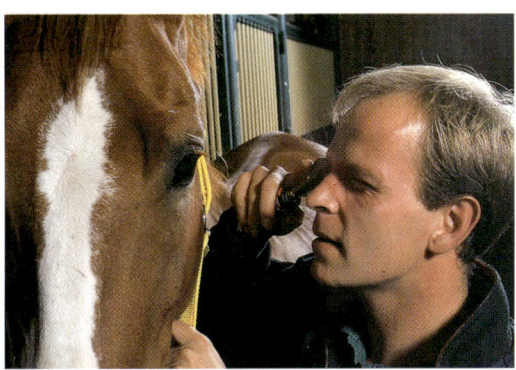

► **Checkliste: Gesundheit rund ums Jahr**

Routinemaßnahmen rund um die gesunde Pferdehaltung sind:

- Wurmkuren im März, Juni, September und Dezember. Bei der Winterwurmkur muss ein Mittel eingesetzt werden, das Dassellarven mit erfasst.

- Impfungen gegen Grippe und Tetanus, möglichst auch gegen Herpesinfektionen. Nach einer Grundimmunisierung von zwei Impfungen im Abstand von sechs Wochen wird der Impfschutz alle sieben Monate aufgefrischt. In gefährdeten Gebieten muss zudem gegen Tollwut geimpft werden, bei anfälligen Individuen ist eine Impfung gegen Pilzbefall möglich.

- Zahnkontrolle, besonders bei älteren Pferden, alle sechs bis zwölf Monate.

- Hufkontrolle, auch bei unbeschlagenen Pferden, etwa alle acht Wochen.

Anhand der Beugeprobe stellt der Tierarzt Lahmheiten fest

viel Pferdeerfahrung werden meist besser »angenommen« als solche, die sich schon ängstlich nähern. Auch die Anwesenheit des vertrauten Pflegers oder Besitzers kann helfen, die Behandlung einfacher zu machen. Wenn allerdings gar nichts mehr geht, muss sie erzwungen werden.

Um das Pferd zwangsweise ruhig zu stellen ohne gleich Beruhigungsmittel einzusetzen, verwendet man meist die Nasenbremse. Richtig angewandt ist dieses Zwangsmittel zwar unangenehm für das Tier, aber keine Quälerei. Es wirkt nämlich nicht durch Schmerz, der das Pferd von der Behandlung ablenken soll, sondern durch Akupressur. Beim Druck auf die Nase werden Endorphine, körpereigene Schmerz- und Beruhigungsmittel, ausgeschüttet.

GEKONNT GEBREMST Am besten lernt man als Pferdehalter selbst, wie man die Nasenbremse richtig anwendet. Auf keinen Fall darf man zulassen, dass irgendein Helfer dem Tier damit Schmerz zufügt. Sonst reagiert es beim nächsten Anblick des Schmieds oder Tierarzts erst recht verstört. Die Bremse wird deshalb nicht extrem fest angezogen, sondern nur so, dass deutlicher Druck spürbar wird. Sie wirkt besser, wenn man damit etwas spielt, also im Wechsel annimmt und nachgibt. Tierarzt oder Schmied dürfen auch nicht sofort nach Anlegen der Bremse mit der Behandlung beginnen. Es dauert ein paar Minuten, bis die »Ruhigstellung« wirkt. Wann es so weit ist, erkennt man an den Augen des Pferdes. Sie werden deutlich glasig, außerdem entspannt sich der Kopf-Hals-Bereich.

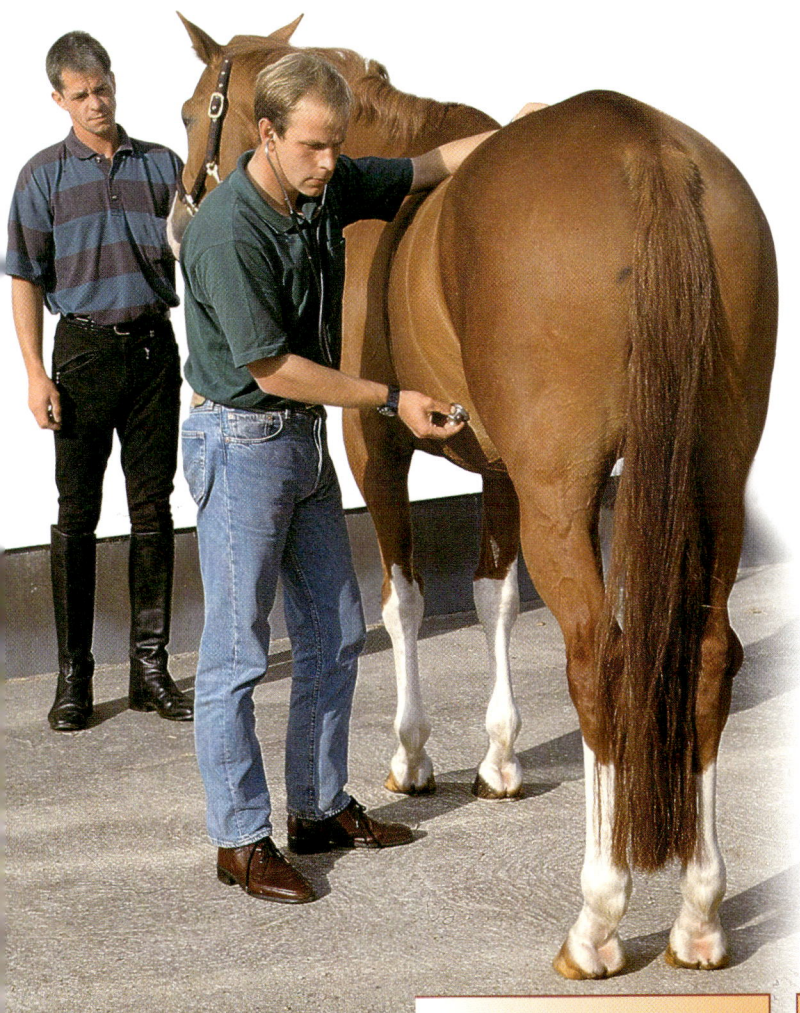

Die Darmgeräusche geben dem Tierarzt Aufschluss darüber, ob bei dem Pferd eine Kolik vorliegt

Richtiges Verhalten im Verkehr übt man am besten in der Gruppe mit einem Reitlehrer

▶ Angstbesetzte Situationen

So mancher Turnierbesuch scheitert an der Weigerung des Pferdes, einen Hänger zu betreten. So mancher Ausritt wird dadurch getrübt, dass ein Pferd vor jeder Kleinigkeit scheut und sich mit seinem Reiter in Gefahr bringt. Das Tier verdirbt seinem Reiter den Spaß jedoch nicht aus Bosheit. Es vertraut nur mehr auf seine Instinkte als auf den zweibeinigen Herdenführer. Was hier hilft, ist üben. Das »Naturkind« Pferd muss mit seiner zivilisierten Umwelt vertraut gemacht werden.

IM VERKEHR Zur Gewöhnung des Pferdes an Autos und Straßenlärm führt man es zunächst hinter langsam fahrenden Autos, Treckern oder LKWs her. Es fühlt sich dann nicht verfolgt und kann die Fahrzeuge klar sehen. Als Nächstes lernt das Pferd, neben den Autos herzugehen. Erst dann übt man mit Fahrzeugen, die sich von hinten nähern und das Tier überholen. Wichtig: Wer auch immer das Pferd führt oder reitet, darf selbst keine Angst haben. Einem unsicheren Chef kann das Pferd nicht vertrauen.

IM GELÄNDE Warum nicht mal ein Spaziergang, um das Pferd an Geländeschwierigkeiten wie Wasserdurchquerungen zu gewöhnen? Es fällt dem Vierbeiner viel leichter, dem zweibeinigen Herdenchef direkt zu folgen als ihn zu tragen. Das bedeutet natürlich, dass man wirklich unter allen Umständen vorgeht, auch wenn es um Wasserstellen geht. Manchmal muss man das Pferd ins kühle Nass locken. Aber Vorsicht: Wenn es sich nach längerer Überlegung endlich entschließt, seinem Menschen zu folgen, macht es das meist mit einem Sprung – und möchte am liebsten genau da landen, wo der Mensch schon sicher steht. Dabei kann es leicht auf dessen Füßen aufkommen.

Auch das Überqueren von Brücken will geübt sein. Die dumpfen Geräusche des eigenen Hufschlags auf der Brücke machen vielen Pferden Angst. Schwierige Aufgaben müssen übrigens nicht an einem Tag gelöst werden. Man lobt und belohnt schon kleine Fortschritte, gerät nie in Wut, sondern macht am nächsten Tag weiter. Vielleicht findet sich ja ein Begleiter mit einem erfahrenen Pferd, das den Youngster über die Brücke oder durchs Wasser lotst.

Das erfahrenere Pferd zeigt dem jüngeren, dass es sich gefahrlos ins kühle Nass begeben kann

VERLADEN Beim Eintritt in den Pferdehänger begibt sich der Freiluftfan Pferd in einen dunklen, engen Raum. Das erfordert viel Selbstsicherheit und Vertrauen zum führenden Menschen. Kein Wunder, dass viele Pferde einiges an Übung brauchen, bevor sie sich reibungslos verladen lassen. Gewalt ist hier übrigens fehl am Platze. Ein Pferd in den Hänger zu prügeln hat erstens selten den gewünschten Erfolg und führt zweitens zu noch mehr Widerstand beim nächsten Versuch. Letztlich kommt man um gezieltes Training nicht herum. Zum Verladetraining wird der Hänger zunächst einladend gestaltet. Dazu gehören eine rutschfeste Rampe, ein gut eingestreuter Boden, ein Heunetz und ein offenes Türchen vorn, damit Licht hereinkommt. Eine Schüssel Kraftfutter zum Locken darf natürlich auch nicht fehlen. Zum ersten Üben werden dann zwei Longen rechts und links am Hänger befestigt und von Helfern gehalten. Sie dienen als Leitseile, nicht als Zwangsmittel. Versucht das Pferd, über sie zu springen, müssen die Helfer unter allen Umständen loslassen. Das Tempo beim Verladen wird dann vom Pferd bestimmt. Jeder Schritt in die richtige Richtung wird belohnt, ängstliches Zurückweichen aber nicht getadelt. Die meisten Pferde brauchen mehrere Anläufe, bevor sie den Hängerinnenraum betreten. Wenn sie zwischendurch der Mut verlässt, wollen sie schnell wieder herunter. Erlaubt man ihnen das nicht, könnten sie in Panik geraten, fallen und sich verletzen. Also lässt man sie besser noch einmal absteigen, startet dann aber direkt den nächsten Versuch.

Wie immer beim Führen wird das Pferd auch auf den Hänger nicht gezogen, sondern von hinten getrieben. Ein Helfer kann

Zum Verladen gerade auf die Rampe zugehen,

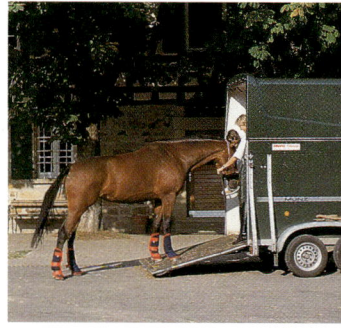

das Pferd darf stehen bleiben,

es mit der Gerte auf der Kruppe touchieren. Fürchtet es sich davor allerdings sehr oder neigt es zum Schlagen und Ausbrechen, ist es sicherer, nur die Longen hinter ihm zu kreuzen. Ist das Pferd dann drin, wird die Rampe hinter ihm geschlossen. Es soll mindestens fünf Minuten ruhig auf dem Hänger stehen bleiben, fressen und sich entspannen. Danach lädt man wieder aus und übt die Sache noch einmal. Wenn man etwa eine Woche lang täglich dreimal verlädt, sollte die Sache sitzen. Der Zeitaufwand lohnt sich, erspart er doch Nerven und kann sich auch im Turnier auszahlen. Untersuchungen zufolge verbrauchen Turnierpferde bis zu 60 Prozent ihrer Energie bereits beim Verladen und während der Fahrt im Hänger.

Apropros »Fahrt«: Betrachtet man den Fahrstil vieler Reiter mit ihrem vierbeinigen Passagier, so versteht man gut, warum so manches Pferd nicht einsteigen will. Eigentlich sollte jeder Reiter mal im Hänger mitfahren (leider höchstens auf Privatgrundstücken möglich, im Verkehr verboten!), um sich den Lärm und das Gerüttel vorstellen zu können, dem das Pferd hier ausgesetzt ist. Also: Auf den ersten Kilometern besonders langsam und besonnen fahren, bis sich das Pferd an das Geschüttel gewöhnt hat. Besonders die ersten Kurven sind im Zeitlupentempo zu nehmen. Später ist darauf zu achten, nach einer Kurve nicht zu rasch zu beschleunigen. Viele Reiter fahren langsam, bis ihr Auto aus der Kurve ist und geben dann Gas. Der Hänger ist zu dieser Zeit allerdings noch in Schräglage. Auch beim Bremsen ist Vorsicht angesagt. Faustregel: Langsam und fließend fahren. Jeder ruckartige Fahrstil bringt das Pferd aus dem Gleichgewicht.

wird dann von hinten ...   **... ermuntert, in den Hänger einzusteigen,**   **Laderampe vorsichtig schließen**

Geschaffen zum Reiten?

Betrachtet man den Körperbau eines Pferdes, so erscheint dieses Tier wie geschaffen zum Reiten. Sein Rücken bietet Platz für einen bequemen Sattel, ja, weist sogar eine leichte entsprechende Vertiefung auf. Die Beine sind kräftig genug, zusätzliches Gewicht zu tragen, und Halfter und Trense halten problemlos am Pferdekopf.

Tatsächlich ist jedoch kein Tier dafür geboren, zusätzliches Gewicht zu tragen. Erst recht bringt es keine natürliche Veranlagung dazu mit, menschliche Kommandos ohne entsprechende Vorbereitung zu verstehen. Wenn wir das Pferd also reiten wollen, muss es entsprechend trainiert werden. Es muss die gemeinsame »Sprache« lernen, die zur Verständigung zwischen Reiter und Pferd entwickelt wurde, und es muss eine Art »Rückenschule« durchlaufen, um zu einer ökonomischen Traghaltung zu finden. Das alles lernt es idealerweise während der Phase des Anreitens. Der Reiter muss es später aber immer wieder an diese Dinge »erinnern«. Reiten ist stets eine aktive Handlung, kein Sich-mitnehmenlassen. Nur wenn Reiter und Pferd die nötigen Techniken beherrschen, ist Harmonie möglich.

Das *Glück*
der Erde...

▸ So wird das Pferd zum Reitpferd

»Zureiten« – wenn vom ersten Besteigen eines jungen Pferdes die Rede ist, spukt in den meisten Menschenköpfen noch die Idee von buckelnden Vierbeinern und todesmutigen Rodeoreitern. In Wirklichkeit gibt es diese »Zähmungsmethode« aber fast nur noch in Büchern und Filmen. Zumindest hierzulande wird längst nicht mehr so halsbrecherisch gearbeitet und selbst in den USA dürfte das eher die Ausnahme als die Regel sein. Das liegt nicht nur daran, dass eine solche Art des Anreitens gefährlich ist – nein, sie hat sich auch als uneffektiv erwiesen, und um das zu erkennen, brauchte die Welt keinen Monty Roberts. Abbuckeln lassen reduziert »Reiten« auf »Tragen« und »Obenbleiben«. Das Pferd lernt dabei nur, den Reiter zu dulden. Alles darüber Hinausgehende wie etwa Anhalten, Lenken, Gangarten bestimmen usw. muss erst anschließend erarbeitet werden. Und hier geht es dem Pferd wie uns Menschen: Wenn schon der erste Schultag mit Schmerzen, Angst und Schlägen verbunden war, werden wir hinterher kaum warm mit dem Lehrer. Angst blockiert. Das nervöse Pferd benötigt erheblich mehr Zeit zum Verständnis der nächsten Lektionen als das entspannte. Schon Kikkuli und Xenophon rieten deshalb dazu, das Pferd beim Anreiten nicht zu ängstigen, sondern die Sache mit Ruhe anzugehen. Wie man das genau macht, differiert von Reitstil zu Reitstil und von Ausbilder zu Ausbilder. Gewalt sollte dabei jedoch nicht angewandt werden. Hier ein paar Einblicke in die Techniken des Anreitens und der Vorbereitung auf den entscheidenden »ersten Tag«.

LERNINHALTE Wie gesagt, das Pferd ist nicht als Tragtier geboren, ebenso wenig wie jedes andere Geschöpf. Auch wir Menschen wissen nicht automatisch, wie man schwere Lasten ohne Anstrengung transportiert. Eine falsche Traghaltung verursacht uns Rückenschmerzen. Dem Pferd geht das genauso. Bei ihm liegt das Hauptproblem beim Tragen in der Verteilung der Lasten auf Vor- und Hinterhand. Von Natur aus neigt es dazu, etwas »kopflastig« zu laufen, also sein Körpergewicht mit der Vorhand aufzunehmen. Wenn wir ihm nun aber zusätzliches Gewicht aufladen und obendrein von ihm erwarten, es längere Strecken in hohem Tempo zu tragen, muss es lernen, die kräftigere Hinterhand verstärkt einzusetzen. Durch geschickte Einwirkung zunächst vom Boden aus an der Longe und dann auch vom Sattel

Ziel allen Reitens ist das vermehrte Aufnehmen von Gewicht durch die Hinterhand

aus bringen wir es dazu, den Kopf zu senken oder anzuwinkeln und damit die Rückenmuskulatur zu straffen. Seine Wirbelsäule darf unter dem Gewicht des Reiters nicht »durchhängen«, sondern muss aufgewölbt werden, um eine stabile »Brücke« zwischen Vor- und Hinterhand zu schaffen. Außerdem muss das Pferd lernen, mit der Hinterhand verstärkt »unterzutreten«, also Schub von hinten zu entwickeln, um sein Eigengewicht und das des Reiters zu tragen.

Den meisten Pferden fällt das Erlernen dieser Tragtechniken schwerer als das Einüben der Hilfen zum Anhalten, Abbiegen, Beschleunigen und Bremsen. Viele Reiter erarbeiten diese einfachen Befehle schon vor dem ersten Anreiten vom Boden aus.

LONGENARBEIT Fast alle Pferde werden vor dem Anreiten an der Longe, also einer langen Leine gearbeitet. Im konventionellen Reitstall beschränkt man sich dabei meist darauf, das Pferd an einer einfachen Longe um sich herumlaufen zu lassen, ihm die Unterscheidung der Gangarten und Anhalten auf Stimmkommando und Peitschenhilfe beizubringen. Die richtige Traghaltung soll durch Hilfszügeleinsatz erreicht werden. Im klassisch-iberischen Stil geht man weiter und nimmt das Pferd nach kurzer Gewöhnungszeit an die Doppellonge. Hier werden zwei lange Leinen wie Zügel rechts und links des Pferdemauls eingeschnallt. Das Pferd kann also vom Boden aus wie ein Reitpferd geführt werden. Der Ausbilder ist dann nicht mehr auf einen Kreisbogen beschränkt, sondern kann sich auf dem ganzen Reitplatz bewegen, das Pferd abwechselnd biegen und gerade richten. Auch die Erarbeitung der richtigen Traghaltung wird sensibler und effektiver betrieben. Gute Ausbilder führen ihre jungen Pferde so schon vor dem Anreiten durch relativ schwere Dressurlektionen. Dadurch kräftigen sie ihre Rückenmuskulatur und machen ihnen den Einstieg in das Leben als Reitpferd leichter.

FAHREN VOM BODEN Viele Freizeitreiter, die ihr Pferd selbst anreiten wollen, haben leider weder einen Reitplatz zur Verfügung noch Erfahrung in der Handhabung der Doppellonge. Wenn sie ihr Pferd trotzdem schon vor dem Anreiten mit den wichtigsten Hilfen vertraut machen wollen, schnallen sie links und rechts des Halfters Fahrleinen ein und gewöhnen ihr Pferd auf Spaziergängen an das Lenken von hinten. Am Anfang braucht man allerdings einen Helfer am Kopf des Pferdes. Junge Pferde finden es nämlich äußerst irritierend, wenn die Befehle des zweibeinigen Chefs plötzlich von hinten kommen.

Oben: Die Nackenbänder ziehen den Rücken nach oben, wenn das Pferd seinen Kopf senkt

Unten: Knochenbau des Pferdes – die Wirbelsäule braucht eine starke Rückenmuskulatur, um nicht unter dem Reitergewicht zu leiden

SATTELN Das junge Pferd kennt den Sattel schon vom Longieren und von Spaziergängen. Dabei wird der Gurt auch nicht gleich fest angezogen, was das Pferd erschrecken und ängstigen würde. Wenn das Pferd so ruhig und sorgfältig auf das Reiten vorbereitet wird, wird es keine großen Probleme mit dem Aufsitzen haben.

AUFSTEIGEN Wenn sich der Reiter plötzlich in den Sattel des unvorbereiteten Pferdes schwingt, vermutet das so überraschte Tier einen Angriff. Es versucht den Menschen abzubuckeln wie weiland den Tiger – meist mit mehr Erfolg, weil der Zweibeiner sich schließlich nicht festbeißt. Um Buckeln zu vermeiden gilt es folglich, den Überraschungseffekt zu vermeiden. Deshalb wurde das junge Pferd schon vor dem Anreiten an den Schatten im Rücken gewöhnt. Die optimale Methode dazu ist Handpferdereiten. Man nimmt den Youngster neben einem erfahrenen Reitpferd am Führstrick mit auf den Ausritt.

Geht das nicht, so kann man sich auch neben das Pferd auf einen Strohballen stellen und über seinen Rücken lehnen. Ein paar Leckerlis überzeugen den Vierbeiner schnell, dass ihm von diesem »Raubtier« im Nacken keine Gefahr droht. Man kann sich dann von einem Helfer ein paar Schritte führen lassen, während man über dem Rücken liegt. Das Jungpferd soll keine Angst haben, mit dem Gewicht zu laufen.

REITEN Wenn das Pferd das Aufsitzen problemlos duldet, können die Hilfen zum Anreiten erarbeitet werden. Auch hier geht man langsam vor. Das Tier muss sich erst im Schritt unter dem neuen Gewicht ausbalancieren. Bis es sich auch im Trab und Galopp sicher trägt und die Hilfen so weit verstanden hat, dass es selbst von einem mittelmäßigen Reiter gut nachgeritten werden kann, vergehen mindestens drei Monate.

Von null auf hundert?

So lange dauert Anreiten? Und wie ist es mit den »körper-
sprachlichen« Methoden, die einen Wildling binnen weniger Stunden zum Galopp unter dem Reiter befähigen? Sie
funktionieren, zweifellos. Aber nach psychologischen wie
physiologischen Gesichtspunkten sind sie rundum abzulehnen. Das
junge Tier wird hier geistig und körperlich überfordert. Warum es dennoch galoppiert? Stellen Sie sich vor, Sie stünden vor einem Drahtseil
über dem Grand Cañyon. Nun gibt Ihnen jemand den Befehl, darüber
zu gehen. Ohne Not würden Sie ihn wahrscheinlich nicht ausführen.
Wäre allerdings ein Typ mit einem Messer hinter Ihnen her, sehe die
Sache anders aus. Dem Pferd im Roundpen geht das ähnlich. Es tut
sein Bestes, um vor dem Reiter wegzurennen. Aber mit »Reiten« und
»zwischenartlicher Kommunikation« hat das nichts mehr zu tun.

▶ Ein Balanceakt – Aufsitzen

Idealerweise sollte ein Pferd beim Aufsitzen ruhig stehen. Tut es das nicht, so ist meist etwas faul. Zum Beispiel sollte überprüft werden, ob das Sattelzeug richtig angepasst ist. Manchmal hat das Pferd auch schlechte Erfahrungen mit früheren Reitern gemacht und steht jetzt jedem Reitversuch mit Skepsis gegenüber. Und mitunter ist das Tier einfach nur ungeduldig und schlecht erzogen. Letztere Fälle sind am leichtesten zu korrigieren. Geduld und der im Kasten erklärte Trick, dazu ein Belohnungsleckerbissen, und schon ist das Problem gelöst. In allen anderen Fällen ist es nicht so einfach. Hier sollte man sein Verhalten auch als Reiter kritisch betrachten.

GEKONNT AUFSITZEN

Aufsitzen ist für das Pferd keine besonders angenehme Sache. Während man den linken Fuß in den Steigbügel setzt und sich in den Sattel schwingt, wird sein Rücken einseitig belastet. Das kann auch ein guter Reiter kaum vermeiden. Unbewegliche Reiter belästigen das Tier noch über Gebühr, indem sie sich mühsam an seiner Seite hochhangeln, mit dem rechten Bein seine Kruppe berühren und ihm schließlich wie ein Mehlsack ins Kreuz fallen. Kein Wunder, wenn der Vierbeiner dann versucht, sich der Sache zu entziehen. Die Lösung für das Problem ist längst gefunden – wird hierzulande aber meist als »unsportlich« abgelehnt. In den USA, vor allem in den bequemlichkeitsbewussten Südstaaten, gibt es dagegen vor manchem Stall eine Aufstiegshilfe.

Aufsitzen: So funktionierts:

Mit Schwung hochziehen,

Aufsitzen – der Trick

Das Pferd hampelt beim Aufsteigen herum, der Reiter schimpft und verkürzt den linken Zügel. Ergebnis: Das Pferd tänzelt weiter, während der Reiter ihm um die Runde nachhüpft. Kommt er doch vom Boden los, so hangelt er sich mühsam und schwunglos in den Sattel. Von Eleganz ist das weit entfernt – und das Pferd hat dabei auch nichts gelernt. Alte Kavalleristen wussten es besser und empfahlen ihren Schülern eine andere Vorgehensweise. Statt den linken Zügel verkürzt man dazu den rechten, und zwar möglichst weit. Das Pferd soll den Hals deutlich biegen. Kommt es dabei so weit, dass seine Nase neben dem Steigbügel steht, wird es wahrscheinlich gar nicht mehr hampeln. Bewegt es sich aber doch, kommt es dabei unweigerlich auf den Reiter zu, verstärkt seinen Schwung und »hilft« ihm damit in den Sattel. Wenn der Reiter oben ist, hat sich das Pferd eine Belohnung verdient. Und am besten steigt man gleich wieder ab und wiederholt die Sache so oft, bis es auch ohne Zwangsmaßnahmen ruhig steht.

Mensch besteigt ein Treppchen und gleitet entspannt in den Sattel. Zwei- und Vierbeiner sind zufrieden. Das Pferd muss allerdings erst lernen, sich neben einer solchen Aufstiegshilfe aufzubauen. Schimpfen Sie also nicht, wenn es nicht gleich stillsteht, sondern stellen Sie einen Strohballen als Begrenzung auf die andere Seite.

das rechte Bein sollte die Kruppe nicht berühren.

Startklar!

Ein flotter Ausritt ist
Balsam für die Reiter-
und Pferdeseele, solange
die Verständigung
stimmt

► **Verständigung – die Hilfen**

Vom »Reiten als Sprache« war in diesem Buch schon öfter die
Rede. Nun wollen wir uns das dazu nötige »Vokabular« aber etwas
näher ansehen. Man bezeichnet diesen Zeichenkanon als »Hilfen«. Er wurde nicht willkürlich entwickelt, sondern entstand über
Jahrhunderte hinweg. Ziel dabei war, Reiter und Pferd das gegenseitige Verständnis möglichst leicht zu machen. Vor allem Letzterem soll der Hilfenkanon entgegenkommen.

ZÜGELHILFEN Rechts ziehen: rechts, links ziehen: links.
So stellt sich der Anfänger die Wirkung von Zügelhilfen vor. Ganz
so klappt es jedoch nicht. Wenn der Reiter nämlich nur zieht, aber
keine Gewichts- und Schenkelhilfen gibt, wendet das Pferd bestenfalls den Kopf in die gewünschte Richtung. Der restliche Körper
biegt sich nicht, sondern driftet in die entgegengesetzte Richtung
ab. Wir Menschen würden das genauso machen. Vielleicht erinnern Sie sich an kindliche Balgereien, bei denen Sie jemand an
den Haaren in eine bestimmte Richtung zerren wollte. Sind Sie da

willig mitgegangen? Mitnichten! Ziehen am Zügel bewirkt also kein freiwilliges nachgeben des Pferdes.

GEWICHTSHILFEN Wie Gewichtshilfen wirken, kann jeder leicht nachvollziehen, der jemals ein Kind auf den Schultern trug. Sitzt der kleine Passagier gerade, so geht man problemlos geradeaus. Verrutscht das Gewicht aber zum Beispiel nach rechts, so weicht auch der Träger rechts aus, um das Kind abzufangen. Auch das Pferd hat das Bedürfnis, stets unter den Schwerpunkt seines Reiters zu treten. Verlagert der also sein Gewicht in den rechten Steigbügel und nimmt dazu noch leicht den rechten Zügel an, weiß der Vierbeiner Bescheid: Rechts abbiegen wird verlangt.

Über das Abwenden hinaus werden Gewichtshilfen auch zum Anhalten des Pferdes und zum Treiben eingesetzt. Indem man sich im Sattel schwer macht, motiviert man das Pferd, die Hinterhand verstärkt zum Tragen einzusetzen.

SCHENKELHILFEN Bleiben wir noch kurz beim korrekten Abbiegen. Wenn wir das Pferd nicht einfach um eine Kurve reiten wollen, sondern dabei geschmeidig und beweglich halten möchten, soll es seinen ganzen Körper biegen. Das signalisieren wir

Die Hilfen eines guten Reiters sind unsichtbar

ihm, indem wir den rechten Schenkel auf Sattelgurthöhe anlegen (Das korrekte Kommando heißt: Rechter Schenkel am Gurt) und den linken etwas hinter dem Gurt platzieren.

Schenkelhilfen werden weiterhin benötigt, um das Pferd zu schnelleren Gangarten anzutreiben und ihm zu signalisieren, ob Rechts- oder Linksgalopp gewünscht sind. Wie alle anderen Hilfen setzt man sie allerdings nie isoliert ein. Grundsätzlich werden Zügel-, Schenkel- und Gewichtshilfen kombiniert, um das Pferd durch eine Lektion zu führen. Je jünger und unerfahrener das Tier ist, desto genauere Angaben braucht es, um alles richtig zu machen. Ein »alter Hase« versteht dagegen schon Andeutungen von Hilfen. Wenn er sie denn verstehen will ...

WENN DAS PFERD »NEIN« SAGT Hilfengebung ist eine Sprache, jedes Abfordern einer Lektion ist also eine Aufforderung zwischen Bitte und Befehl. Die Grenzen verlaufen hier fließend. So wird ein guter Reiter zum Beispiel stets erst »Bitte« sagen, bevor er Sporen, Gerte und schärfere Gebisse einsetzt, um das Pferd

Verschiedene Rassen und Reitweisen, doch alle arbeiten mit der gleichen Sprache

zu zwingen. Mitunter ist es allerdings nötig, sich etwas deutlicher auszudrücken, um sich als ranghöheres Mitglied der Zweiergruppe durchzusetzen. Was nämlich oft vergessen wird: Pferde sind keine Computer, die auf richtige Eingabe unweigerlich mit dem richtigen Output reagieren. Stattdessen kann der Vierbeiner jede Anfrage mit »Nein« beantworten. Er kann »Nein, ich kann nicht« sagen oder »Nein, ich will nicht« oder er führt den Befehl einfach deshalb nicht aus, weil er nicht verstanden hat, worum es geht. Um all diese Signale zu verstehen, braucht der Reiter Erfahrung und Bereitschaft, auf das Tier einzugehen. Wer Harmonie mit seinem Pferd anstrebt und sich auch in überraschenden Situationen auf es verlassen möchte, wird Zeit seines Reiterlebens damit zubringen, die Zeichen zu deuten, die das Pferd immer aussendet. Anfänger schaffen das natürlich nur mit Hilfe eines guten Reitlehrers, der ihnen die »Äußerungen« ihres Pferdes »übersetzt«. »Von Natur aus« bringt keiner das »Feeling« dafür mit, auch wenn es manchem leichter fällt, die Signale des Pferdes zu verstehen.

Bei der Westernreitweise setzt man auf Impulssignale als Hilfen

Trail-Parcours: Hier besteht nur das Pferd-und-Reiter-Paar, das sich miteinander verständigen kann

Beim Öffnen und Schließen des Gatters ist große Geschicklichkeit und Konzentration gefragt

Verschiedene Reitweisen – verschiedene Hilfen?

In unterschiedlichen Teilen der Welt haben sich im Laufe der Zeit verschiedene Reitweisen entwickelt. So unterscheidet man zum Beispiel die englische Reitweise, die Westernreitweise, klassisch-iberisches Reiten und noch einige mehr. Diese unterschiedlichen Stile ergaben sich aus der speziellen Nutzung des Pferdes im Ursprungsland und arbeiten mit differierenden Zäumungen und Sätteln. Zum Springen und Jagdreiten brauchte man zum Beispiel einen anderen Sattel als zum Begleiten eines Viehtriebs. Sitz und Hilfengebung unterscheiden sich allerdings nicht so sehr, wie es auf den ersten Blick aussieht. Letztlich wollen ja alle Reitweisen das Gleiche: Pferde, die in gesunder Traghaltung arbeiten und auf möglichst leichte Hilfen reagieren. Wie man das genau bewerkstelligt und welche Hilfen die einzelnen Lektionen verständlicher machen, darüber ist man mitunter verschiedener Meinung. Die grundsätzlichen Möglichkeiten zur Einflussnahme – Gewichts-, Schenkel- und Zügelhilfen – bleiben sich allerdings gleich. Für welchen Reitstil man sich also auch entscheidet: Ums Erlernen der Hilfen kommt man nicht herum, und einfacher macht der Stilwechsel das Reiten auch nicht.

▶ Auf dem Reitplatz

Dressurreiten auf einem 20 x 40 Meter großen Reitplatz ist für das Pferd keine besonders logische Sache. Ein freies Pferd bewegt sich, um von Punkt A nach Punkt B zu kommen, nicht zwecks systematischen Muskelaufbaus und Gymnastizierung. Auch viele Freizeitreiter haben wenig Lust auf das Training auf dem Platz. Trotzdem: Wer sein Pferd optimal für den Reiteinsatz schulen möchte, kommt an einer gelegentlichen Dressurstunde nicht vorbei. Der ebene, griffige Boden auf dem Reitplatz, die Begrenzungen, die das Geraderichten des Pferdes erleichtern, – und die Möglichkeit, sich von einem guten Lehrer korrigieren zu lassen, ermöglichen effektiveres Arbeiten als der Geländeritt.

Der Reitplatz ist immer die beste Vorbereitung fürs Gelände – hier kann Neues ausprobiert werden und gefahrlos auch mal was schief gehen. Auch für das Pferd muss Dressurreiten in der Reitbahn oder der Reithalle nicht langweilig sein. Es gibt viele Möglichkeiten, die Reitstunde interessanter zu gestalten. So kann man die immer gleichen Bahnfiguren zum Beispiel durch Slalom um Pylonen oder Arbeit an Bodenhindernissen ergänzen. Oder man legt eine Musikkassette ein und probiert aus, ob das eigene Pferd musikalisch ist. Sie werden überrascht sein, wie viele Pferde ihre Bewegungen selbstständig dem Takt der Musik anpassen.

Eine abwechslungsreiche Reitstunde lässt das Pferd aufmerksam mitarbeiten

► Reitbahnregeln

Reitbahnregeln dienen der Unfallvermeidung und dem reibungslosen Ablauf des Reitbetriebs. Auch im Interesse der Pferde sollten sie eingehalten werden, denn je mehr Reiter sich auf einem Platz aufhalten, desto irritierender wird es für die beteiligten Vierbeiner. Das Pferd begegnet Artgenossen, die es womöglich noch nie gesehen hat, oder kreuzt den Weg eines ranghöheren Weidegenossen. Kennt man die anderen Pferde, erleichtert das die Situation. Rücksicht auf die anderen Reiter und das eigene Pferd muss absolute Priorität haben. Es sollte sich von selbst verstehen, dass man mit einem extrem schwierigen, schlagenden und noch nicht voll zu kontrollierenden Pferd nicht auf einen überfüllten Reitplatz geht. Je mehr Reiter in der Bahn sind, desto besser müssen die Pferde an den Hilfen stehen. Sowohl »Durcheinanderreiten« als auch Abteilungsreiten will übrigens geübt sein. Wenn ein Pferd gewöhnlich allein auf dem Viereck arbeitet, wird es sich kaum konzentrieren können, wenn auf dem Turnier plötzlich »Gegenverkehr« herrscht.

► Vor dem Betreten des Platzes werden die anderen Reiter mit dem Ruf »Tür frei!« auf den Neuankömmling aufmerksam gemacht. Erst nachdem die Bestätigung »Tür ist frei!« erfolgt ist, darf die Reitbahn betreten werden.

► Zum Nachgurten, Steigbügelverstellen o. Ä. reitet man in die Mitte der Bahn.

► Im Schritt ist der Hufschlag freizumachen. Man begibt sich dann auf den »zweiten Hufschlag« zwei Meter weiter innen.

► Teilweise einigen sich die Reiter auf einem Platz darauf, alle in eine Richtung zu reiten. Dann wird der Wunsch nach einer Richtungsänderung mit dem Ruf »Handwechsel bitte!« angekündigt. Ist das nicht der Fall, so hat der Verkehr auf der linken Hand Vorfahrt. Wer rechts herum reitet, weicht möglichst frühzeitig auf den zweiten Hufschlag aus.

► Beim Hintereinanderreiten hält man stets mindestens eine Pferdelänge Abstand.

► Hufschlagfiguren sind möglichst korrekt auszureiten. Die anderen Reiter müssen schließlich wissen, an welcher Stelle sie mit dem Pferd zu rechnen haben. Kommt ein Reiter zum Beispiel nach einem Wechsel durch die ganze Bahn zu früh wieder auf den Hufschlag, kann es zu »Zusammenstößen« kommen.

▶ Ausritt in der Gruppe

Der Sonntagsausritt gemeinsam mit Freunden, eventuell ein Halt an einer netten Gaststätte – für viele Reiter der Höhepunkt der Woche. Allerdings verläuft nicht immer alles so harmonisch wie geplant, – was wiederum mit dem typischen Herdenverhalten unserer Vierbeiner zu tun hat.

MINIHERDEN Reiten in der Gruppe will geübt sein. Die Pferde müssen begreifen, dass sich hier viele »Zweierherden« nebeneinander bewegen, ohne direkten Kontakt miteinander aufzunehmen. Grundsätzlich ist ihnen so etwas nicht fremd. Auch in Freiheit teilen sich zum Beispiel mehrere Familien eine Wasser- oder Wälzstelle ohne sich zu vermischen oder Rangordnungskämpfe auszutragen.

SCHLÄGER Wie schon erwähnt gehen Pferde in Freiheit nicht neben, – sondern fast immer hintereinander. Haben sie nicht verinnerlicht, dass ihnen von einem anderen Reitpferd keine Gefahr droht, so können sie mit nervösem Ausschlagen reagieren. Manche Pferde neigen allerdings schon zum Keilen, wenn ihnen ein anderes Tier nur auf ein paar Meter näher kommt. Das spricht erstens für versäumte Erziehung, aber auch für eine äußerst gereizte Grundstimmung des betroffenen Tieres. Von harmonischer Zusammenarbeit mit ihrem Menschen sind solche

Reiten in der Bahn muss nicht langweilig sein

Schläger meist weit entfernt. Gestresst und frustriert suchen sie nur nach einer Möglichkeit, Spannung zu entladen: Frustration erzeugt Aggression. Jede Strafe für den Schlag ist hier nur ein Herumlaborieren an den Symptomen. Wichtiger wäre die Kontrolle des Sattelzeugs und des eigenen Reitstils. Wenn das Pferd in Einzelhaltung oder gar Boxhaltung steht, ist eine Überführung in Gemeinschaftshaltung dringend anzuraten.

ZACKELN Alle Pferde gehen entspannten Schritt, aber eins trabt verspannt mit hochgestrecktem Kopf und bretthartem Rücken. Nach einer Stunde sind Pferd und Reiter gleichermaßen erschöpft. Zackeln ergibt sich meist daraus, dass ein Pferd befürchtet, nicht mitzukommen. Vielleicht fühlt es sich auch unsicher in der Gruppe und möchte sich nach vorn absetzen. Oder es kennt Gruppenausritte nur in Form gemeinsamen Rennens und steht deshalb ständig »in den Startlöchern«. Abhilfe schafft hier bloß

systematische Arbeit. Das Pferd sollte zunächst nur in kleinen Gruppen – möglichst Zweiergruppen – mitgehen, und ruhige Ausritte müssen garantiert sein. Die anderen Gruppenmitglieder sollten den Zackler zunächst vorn gehen lassen und sich seiner Schrittgeschwindigkeit anpassen. Auch dann, wenn sie dabei nur langsam vorwärts kommen. Es kann recht lange dauern, bis sich ein zackelndes Pferd entspannt, und so lange geht es fast zwangsläufig eher kurzen, verhaltenen Schritt.

DURCHGÄNGER Die gemeinsame Arbeit mit anderen Pferden wirkt auf jedes Pferd aufmunternd und motivierend. So manche »Schlafmütze« entwickelt hier plötzlich Ehrgeiz. Manche Pferde schießen dabei aber auch über das Ziel hinaus und neigen zu unkontrollierbaren Galoppaden. Auch das entspringt oft einer inneren Unsicherheit. Die Pferde wollen sich von den fremden Artgenossen absetzen.

Beim Ausritt sollte immer ein erfahrener Reiter dabei sein

Auf ein Handzeichen
des ersten Reiters
wird angehalten

Die »Therapie« ist letztlich die gleiche wie beim Zackeln: ruhige Ausritte, zunächst möglichst mit bekannten Stallgenossen, vor denen das Pferd sich nicht fürchtet. Außerdem ist zu häufigeren, längeren Geländeritten zu raten. Wenn ein Pferd nur einmal pro Woche für höchstens eine Stunde an die Luft kommt, ist es kein Wunder, wenn es die Chance zum Rennen nutzt.

Ungestüme Pferde brauchen erfahrene Reiter

DIE PAUSE Jedes Pferd sollte sich bereitwillig vor einem Gasthaus »parken« lassen. Es ist keine Zumutung, es warten zu lassen, sondern gehört zu seinem Job als Reitpferd. Nichtsdestotrotz will es geübt sein. Ein Pferd, das sich schon zu Hause nicht sicher anbinden lässt, wird in fremder Umgebung erst recht nicht stillstehen. Außerdem sollte man dem Vierbeiner die Wartezeit angenehmer gestalten, indem man ein Stallhalfter mitbringt. Bei warmem Wetter gehört auch ein Klappeimer zum Tränken ins Ausrittgepäck. Während der Wartezeit sollte außerdem der Sattelgurt gelockert werden. Ist es sehr warm, so tut man das jedoch nicht sofort, sondern erst nach etwa zwanzig Minuten. Sonst kann es zu Hitzeschwellungen kommen.

Wer mit wem? – Die Gruppenzusammenstellung

Ein erwachsenes, voll zugerittenes Pferd sollte sich in jeder Gruppe problemlos reiten lassen. Bei jungen und schwierigen Pferden – und auch wenn man selbst zu den eher ängstlichen Reitern gehört – ist etwas Umsicht angesagt.

▶ Meiden Sie Gruppen, in denen »geheizt« wird. Viele Reiter finden Spaß daran, den Ausritt zum Galopprennen umzufunktionieren und plötzlich ohne Vorwarnung loszupreschen. Das ist die sicherste Methode, unkontrollierbare, zum Durchgehen neigende Pferde zu produzieren.

▶ Meiden Sie extrem furchtsame Begleiter. Schon deshalb, weil deren ständiges Anhalten, Absteigen und Führen bei den nichtigsten Anlässen Sie und Ihr Pferd nervös machen. Außerdem steckt Angst an, sowohl Pferde als auch Reiter. Besonders wenn Sie selbst eher ängstlich sind, wird sich Ihre Vorsicht in der entsprechenden Gruppe schnell zur Panik steigern.

▶ Bemühen Sie sich um eine Gruppe, in der zügiges, gleichmäßiges Tempo geritten wird. Dauernde Gangartenwechsel irritieren besonders junge und nervöse Pferde.

▶ Bemühen Sie sich um die Begleitung routinierter Reiter, die Verständnis für mögliche Probleme aufbringen. Mit denen können Sie dann Dinge wie Nebeneinanderreiten, Positionswechsel in der Gruppe usw. gezielt üben.

Reiter im Straßenverkehr

Auf der Straße gelten Reiter als »Fahrzeuge«. Für Gruppen gibt es spezielle Regeln, die unbedingt zu beachten sind.

▶ Gewöhnlich reitet man rechts und hintereinander. Nur bei größeren Gruppen dürfen je zwei Reiter nebeneinander reiten. Ist ein junges oder unsicheres Pferd dabei, so kann es sinnvoll sein, sich über diese Regel hinwegzusetzen und das scheue Tier mit dem anderen abzuschirmen. Auch in Gruppen geht grundsätzlich das jüngere und nervösere Pferd vom Verkehr abgewandt.

▶ Beim Reiten im Dunkeln sind Positionslampen Pflicht. Gruppen oder Einzelreiter sollen nach vorn mit einer weißen, nach hinten mit einer roten Lampe sichtbar gemacht werden. Es gibt dazu Stiefellampen, die in jede Satteltasche gehören. Zusätzliche reflektierende Sicherheitswesten und Bandagen fürs Pferd sind sinnvoll.

▶ Autofahrer sollten beim Überholen eines Pferdes einen Sicherheitsabstand einhalten. Leider tun sie das nicht immer. Der Trick, sie dazu zu zwingen: Gerte quer zur Straße halten. Das dünne Stöckchen ist für die Fahrer schwer zu taxieren. Sie halten also nicht nur Abstand, sondern verringern meist auch die Geschwindigkeit.

Am schönsten ist ein Ausritt gemeinsam mit Freunden

PROFI·TIPP

Dr. med. vet. Barbara Schöning

Reiten »ohne alles«
Reiten ohne Zaum und Zügel ist eine schöne Übung und immer wieder eine faszinierende Schaunummer. Man darf aber nicht vergessen, dass auch das besttrainierte Pferd ein Fluchttier bleibt und Panikreaktionen zeigen kann. Deshalb sollte jede Arbeit ohne Kopfstück nur auf sicher umzäunten Reitplätzen stattfinden.

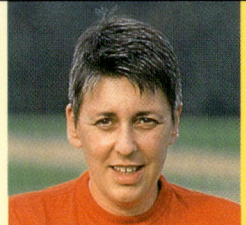

Harmonie – gemeinsam sind wir stark
Reiten ohne Zaum und Zügel

Auf Schauveranstaltungen sieht man immer wieder Reiter, die ihr Pferd ohne Kopfstück, nur mit einem Drahtring oder einem Bändchen um den Hals in allen Gangarten reiten. Mitunter überwinden sie dabei sogar Hindernisse. Magie? Seltene, besondere Übereinstimmung zwischen Pferd und Reiter?

Natürlich nicht. Im Grunde kann jedes Pferd lernen, leichten Hilfen zu gehorchen. Das ist letztlich eine Frage der »Generalisierung«: Das Pferd erhält zunächst klare, unmissverständliche Hilfen und lernt, ihnen zu folgen. Später interpretiert es dann auch angedeutete Hilfen richtig. Bedingung dafür: Während des Lernens muss eine entspannte Atmosphäre herrschen – nur so kann Harmonie entstehen. Ein Pferd, das nur aus Angst gehorcht, spielt ohne Zaum und Zügel nicht mit.

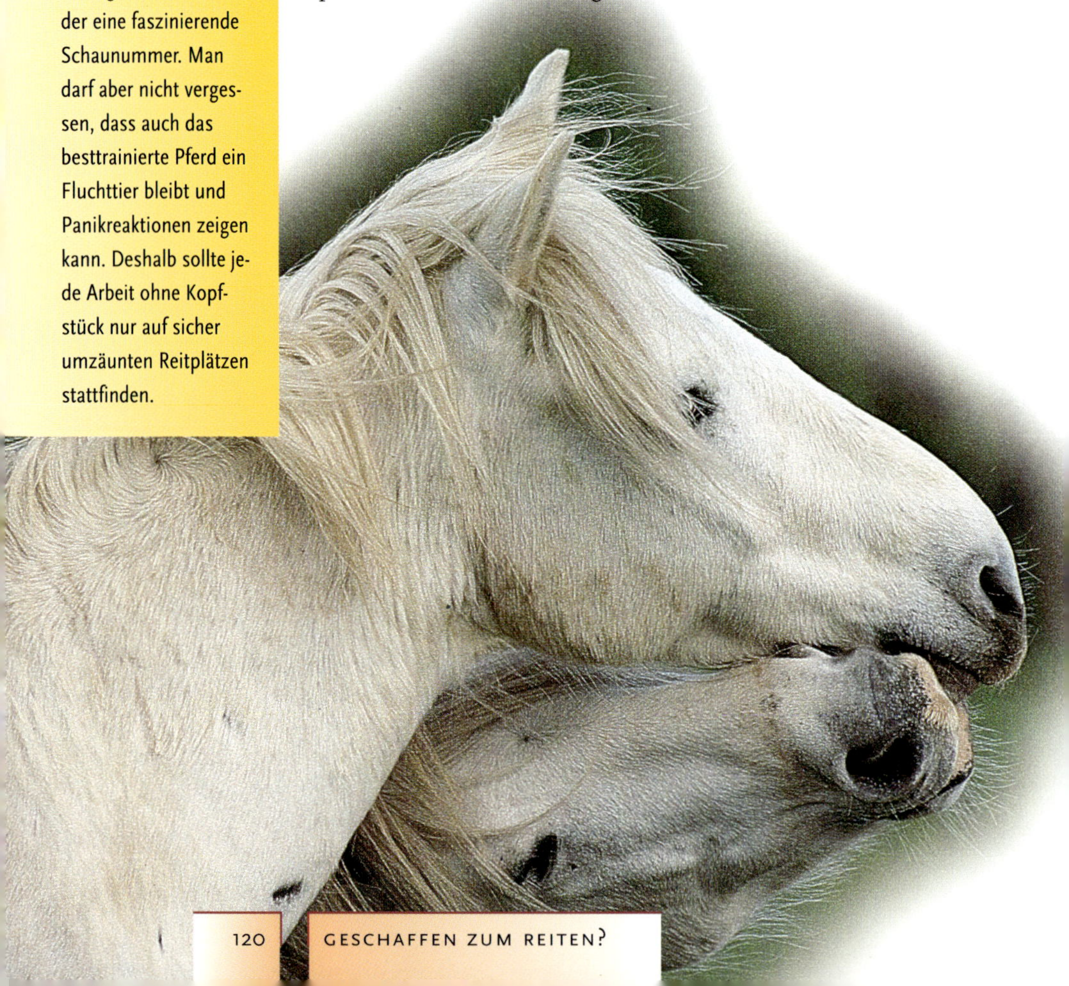

Freiheitsdressuren
sind schön
anzuschauen, aber
nur etwas für Profis

SICHERHEIT »So was würde ich mich nie trauen!«.– »Eigentlich ist das fahrlässig« – neben den bewundernden Äußerungen hört man auch solche Stimmen. Gerade hier hilft die Show ohne Zaum und Zügel jedoch Grundlegendes zu verstehen: Pferde sind ungemein kräftig. Wenn sie wirklich durchgehen wollen, sind sie auch an scharfen Zäumungen kaum zu halten. Letztlich beherrschen wir sie durch Schulung und gezielte Hilfengebung, nicht durch Kraft.

In Harmonie mit dem Partner Pferd

Wer Pferde wirklich verstehen und Harmonie mit seinem »Partner Pferd« will, sollte zunächst eines begreifen: Das Pferd ist kein Mensch, es verfolgt weder böse noch hehre Ziele. Wenn es uns bereitwillig an seinem Leben teilhaben lässt, so geschieht das nicht aus »Großmut«, sondern aus Neugierde und Interesse, die vom Menschen gezielt genutzt werden. Machen wir Zweibeiner dabei alles richtig, so nimmt das Pferd uns freudig mit in seine Welt. Es bringt uns die Natur näher, stellt uns seine Kraft und Energie bereitwillig zur Verfügung und gibt uns dabei das Gefühl, gern mit uns zusammen zu sein.

Pferd und Reiter werden niemals »gleich« sein. Wir können Verhaltens- und »Sprachbarrieren« nicht vollständig überwinden. Aber wollen wir das überhaupt? Wollen wir Unterschiede auf Biegen und Brechen ausgleichen oder können wir uns nicht gerade

an der Vielfalt freuen? Es wäre Zeit, das Pferd als Persönlichkeit zu akzeptieren, als Freund und Partner anzuerkennen, ohne jede Seelenregung ausloten oder gar teilen zu wollen. Freuen wir uns, wenn es zu uns kommt, aber lassen wir es auch gehen und sein »Privatleben« auf der Weide genießen. Wir können ein paar Worte seiner Sprache lernen, wie das Pferd auch etliche der unseren versteht. Im Wesentlichen sollten wir uns aber auf die gemeinsame Sprache »Reiten« konzentrieren. Hier laufen Mensch und Pferd nämlich zusammen zu voller Form auf. Der Verstand des Zweibeiners und die Kraft und Willigkeit des Vierbeiners haben eine einzigartige Partnerschaft ermöglicht. Gemeinsam sind wir stark, und mit jedem harmonischen Ritt, jeder genüsslichen Putzstunde wächst unser gegenseitiges Verständnis. Verstehen ist mehr als Sprache. Hören wir also auf zu reden und gehen wir reiten. Ich wünsche Ihnen und Ihrem Pferd viel Spaß dabei!

Serviceteil

NÜTZLICHE ADRESSEN

Deutsche Reiterliche Vereinigung e.V. (FN)
Freiherr-von-Langen-Str. 13
48321 Warendorf
Tel. 02581-63620
Fax 02582-62144

FS Test Zentrum Reken
Frankenstr. 37
48734 Reken
Tel. 02864-24 34
Fax 02864-58 60

KOSMOS Kompetenz
Seminare für Reiter und Pferdehalter
Postfach 10 60 11
70049 Stuttgart
Tel. 0711-21 91 270
Fax 0711-21 91 350

TTEAM Deutschland
Bibi Degn
Hassel 4
57589 Pracht
Tel. 02682-88 86
Fax 02682-66 83

TTEAM Österreich
Ruth & Martin Lasser
Anningerstr. 18
A – 2353 Guntramsdorf
Tel. 02236-47 00 0
Fax 02236-47 07 0

TTEAM Schweiz
Doris Süess-Schröttle
Mascot Ausbildungszentrum AG
CH – 8566 Neuwilen
Tel. 071-69 91 825
Fax 071-69 91 827

ZUM WEITERLESEN

BENDER, INGOLF: Praxishandbuch Pferdehaltung; Haltungsanlagen optimal geplant; Auslauf-, Stall- und Weidepraxis, Stuttgart 1999

BERGER, MARGOT: Pferde füttern, Gesund und fit – optimal versorgt, Stuttgart 2001

GAWANI PONY BOY: Horse, Follow Closely, Stuttgart 1999

GERWECK, GERHART: Die Psyche des Pferdes; Sein Wesen, seine Sinne, sein Verhalten, Stuttgart 1997

GOHL, CHRISTIANE: Im Namen der Pferde; Das kämpferische Leben der Ada Cole, Stuttgart 1997

GOHL, CHRISTIANE: Freizeitpferde selber schulen; Jungpferde erziehen, ausbilden, anreiten, Stuttgart 1997

GOHL, CHRISTIANE: Was der Stallmeister noch wusste; Altes Wissen bewahren und nutzen, Mit neuen Tipps und Tricks, Stuttgart 1998

HOFFMANN, MARLIT: Marlit Hoffmanns Trickkiste, Profi-Tipps zum besseren Reiten, Stuttgart 2000

HÖLZEL, PETRA: Basis-Pass Pferdekunde; Vorbereitung auf die praktische und theoretische Prüfung, Stuttgart 2000

PENQUITT, CLAUS: Die neue Freizeitreiterakademie; Reiten nach altklassischen, altkalifornischen und iberischen Vorbildern, Stuttgart 2001

PENQUITT, NATHALIE: Nathalie Penquitts Pferdeschule; Zauber der Verständigung, Stuttgart 1996

RASHID, MARK: Der auf die Pferde hört; Erfahrungen eines Horseman aus Colorado, Stuttgart 1999

SCHÄFER, MICHAEL: Die Sprache des Pferdes; Lebensweise, Verhalten, Ausdrucksformen, Stuttgart 1993

SCHWAIGER, SUSANNE E.: Der Weg mit Pferden – ein Weg zu mir; Das Pferd als Persönlichkeitstrainer, Stuttgart 2000

SCHWAIGER, SUSANNE E.: Persönlichkeitstraining mit Pferden; Das Praxisbuch, Stuttgart 2001

SPILKER, IMKE: Selbstbewußte Pferde; Wie Pferde ihre eigenen Übungen und Lektionen entwickeln, Stuttgart 2000

SCHUHMACHER, JOCHEN / KRÄMER, MONIKA: Reiten lernen mit allen Sinnen; Reken - Reiten, Pferdehaltung, Horsemanship, Stuttgart 1999

TELLINGTON-JONES, LINDA: Die Tellington-Jones Reitschule; Mehr Spaß und Erfolg mit TTEAM und TTouch, Stuttgart 1996

TELLINGTON-JONES, LINDA: Die Persönlichkeit ihres Pferdes; Die Kunst Charakter und Temperament Ihres Pferdes zu bestimmen und positiv zu beeinflussen, Stuttgart 1996

ZEEB, KLAUS: Die Natur des Pferdes; Beobachtungen eines Verhaltensforschers, Stuttgart 1998

BILDNACHWEIS

Mit 128 Farbfotos von: J. Christen/Kosmos (S. 84, 99, 104 li., 104 re., 105 li., 105 re., 107), F. v. Döring, Hamburg (S. 89/90, 91, 96/97, 106), M. Dossenbach, CH – Siblingen (S. 31), E. Escher, Monheim (innere Umschlagklappe re.u.), K.-J. Guni, Böblingen (S. 12/13, 30, 102/103), I. Hohe, Lohndorf (innere Umschlagklappe re.o.), T. Höller, Kollmarsreute (innere Umschlagklappe li.u.), Krämer Pferdesport, Hockenheim (S. 85 o.), S. Küpper, Mühlheim an der Ruhr (S. 48 o.), G. Landau, Stuttgart (S. 9, 41, 44/45, 46, 47, 56/57, 60/61, 111), L. Lenz, Cochem (S. 4/5, 36, 72, 73), J. Rau, Mainz-Hechtsheim (S. 11, 40 u.), R. Roppelt/Kosmos (S. 97 o.), B. Schellhammer, Sigmaringen (S. 55), A. Schmelzer, Altrip (S. 3 o., 17, 50/51, 52/53), E. Schöpal, Düsseldorf (S. 28 u., innere Umschlagklappe li.o.), M. Schwöbel, Rehburg Loccum (S. 51), C. Salata/Kosmos (S. 10, 14/15, 62 o., 62 u., 63, 74 li., 74 re.,75 li., 75 re., 76, 77, 78, 81, 82, 83, 85 u., 88, 89 o., 92, 93, 94, 95, 113 li., 114/115, 115, 116, 117), C. Slawik, Würzburg (S. 4 u., 6/7, 16, 19, 21, 23, 24/25, 27, 32, 33 li., 33 re., 37, 43, 49, 54, 60 o., 64, 70/71, 100/101, 108, 113 re., 121, 122/123), H. Streitferdt, Böblingen (S. 8, 119), S. Stuewer, Darmstadt (S. 1, 3 /4, 4 o., 5, 18, 20, 22, 29, 30 o., 34/35, 38/39, 40 o., 42, 48 u., 57 u., 58, 59, 65, 66/67, 68/69, 69 o., 120) U. Tietje, Kirchlinteln (S. 109, 110 li., 110 re.), C. Toischel, Wiesbaden-Delkenheim (S. 25).

Die Graphik im Innenteil auf S. 80 erstellte R. Schale, Drochtersen-Hüll, alle anderen C. Koller, Schierhorn. Die Zeichnungen der Innenklappe erstellte M. Golte-Bechtle, Stuttgart.

IMPRESSUM

Umschlaggestaltung von Atelier Reichert, Stuttgart; Titelfotos von H. Kuczka, Wetter (großes Motiv) und C. Salata/ Kosmos (kleines Motiv).
Foto auf dem Buchrücken von B. Schellhammer, Großstadelhofen.

Die Deutsche Bibliothek – CIP-Einheitsaufnahme

Ein Titelsatz für diese Publikation ist bei der Deutschen Bibliothek erhältlich

© 2001, Franckh-Kosmos Verlags-GmbH & Co., Stuttgart
Alle Rechte vorbehalten
ISBN 3-440-08494-9
Redaktion: Katja Metzler
Grundlayout: Friedhelm Steinen-Broo, eStudio Calamar
Gestaltung: Gisela Dürr, Nottuln Appelhülsen
Herstellung: Kirsten Raue
Satz: Atelier Krohmer, Dettingen/Erms
Printed in Germany / Imprimé en Allemagne
Druck und Buchbinder: Westermann Druck Zwickau GmbH, Zwickau

REGISTER

Alle Angaben in diesem Buch erfolgen nach bestem Wissen und Gewissen. Sorgfalt bei der Umsetzung ist indes dennoch geboten. Der Verlag, die Autorin und die Herausgeber übernehmen keinerlei Haftung für Personen-, Sach- oder Vermögensschäden, die aus der Anwendung der vorgestellten Materialien und Methoden entstehen könnten.